AIKIDO
Nature et Harmonie

par Mitsugi SAOTOME

SEDIREP

Le Fondateur de l'Aïkido : Maître Morihei UESHIBA

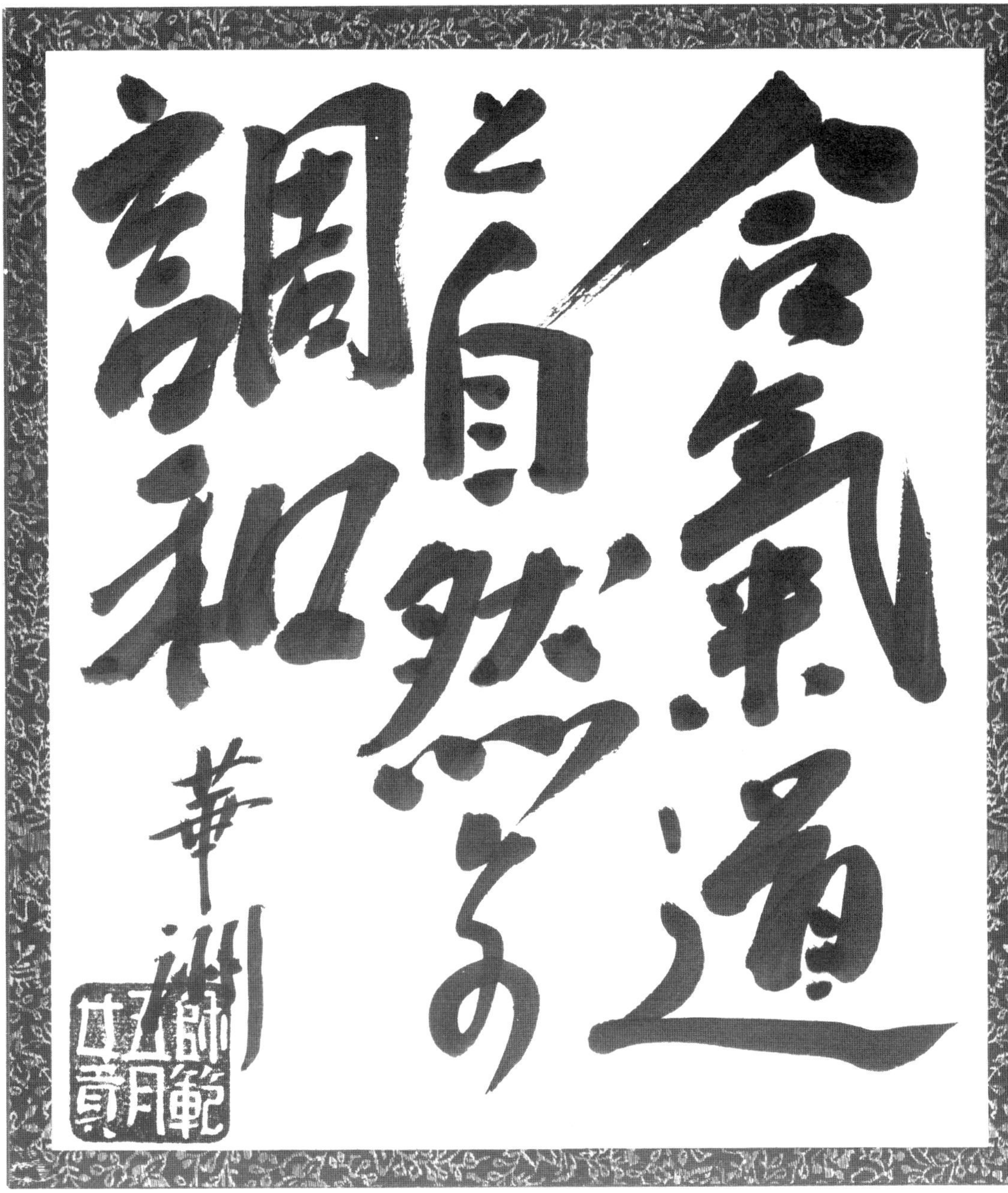

AIKIDO to Shizen to no CHOWA (Aïkido, Nature et Harmonie)

著者寸感

合氣とは宇宙の根源的な生命活動を表わす真理であって哲学ではなく刻々として、この大自然界に休むことなく働いている調和を産み出しているところの現実の姿である。この真理の働きを体術や生活哲理に生かすものが武産合氣である。

人類のいにしえの文明の始めから"武"とは戈を止めるといって東洋においては世の中に平和な社会を建設するための祭り事の全活動の意味を指したのである。これを極言して私の恩師である合氣道の開祖植芝盛平大先生は「武は愛なり」と喝破したのである。だからといって我々が武道に対して安易に理解した如くに認識することは真に"さむらいの道"として全生涯を献身的に生きぬいた実例としての植芝盛平大先生を正しく追慕することにはならないであろう。

人間の精神的な真実からの覚醒と世界の平和のために和合なさしめる道を探求しながら神に祈りつつ利他愛心に生きたのである。自己にきびしい修業を課して至誠と叡知の体現、宇宙心との調和、人類愛こそ合氣道開祖の教示された道である。

この著書を開祖の霊と関係者に捧げる。　合氣道師範

DÉDICACE DE L'AUTEUR

L'Aïkido n'est pas une philosophie. Il exprime et reflète l'évolution constante de l'Univers. En découle le but du TAKEMUSU Aïki qui est d'expérimenter les mécanismes de la Nature par l'entraînement et de les mettre en pratique dans la vie quotidienne.

En Orient, le vocable BU signifie écarter le danger représenté par l'épée menaçante. Depuis l'aube de la civilisation, ce concept du BU implique un acheminement progressif vers la construction d'une société pacifique. "Le BU est Amour" proclama mon mentor O Sensei UESHIBA, fondateur de l'Aïkido. Cependant, une connaissance superficielle du BUDO ne saurait, en aucun cas, rendre compte de la profonde dévotion qu'O Sensei manifesta, toute sa vie durant, dans sa quête de la Voie du vrai Samouraï. Il a lutté sans relâche pour la révélation de la vérité spirituelle et pour l'harmonie universelle, grâce à ses prières quotidiennes et à son intérêt altruiste pour ses semblables.

Entraînons-nous avec acharnement pour atteindre la sagesse, l'harmonie et l'amour d'autrui. Telle est la Voie que le Fondateur de l'Aïkido nous a tracée.

Je dédie cet ouvrage à Morihei UESHIBA et à tous les adeptes de l'Aïkido.

SHIHAN M. SAOTOME
26 avril 1985.

L'Auteur et Doshu Kisshomaru UESHIBA

Note

De nombreux lecteurs rencontreront les mots et expressions japonais en italiques pour la première fois. Ils n'ont pas souvent d'équivalent et pour plus de clarté, nous avons essayé de traduire les émotions et la philosophie qu'ils renferment, plutôt que d'en donner une définition mot à mot inexacte. Certains mots seront définis à plusieurs reprises dans différents chapitres et il ne faut pas s'arrêter à la première définition qui n'est pas la plus complète. Chaque chapitre est construit sur ceux qui précèdent.

Une grande partie de ce livre a été écrite à partir de conversations avec Saotome Sensei et sous sa dictée en Anglais. Sa maîtrise de la langue anglaise n'est pas parfaite sur le plan grammatical, mais il a une manière originale et vivante d'exprimer sa pensée. Traduire certaines de ses expressions dans un Anglais conventionnel leur eût sans doute ôté de leur vigueur.

Le genre des pronoms n'a pas été employé dans la mesure du possible, mais à cause de la structure de la langue anglaise, nous avons parfois été obligés d'y avoir recours afin que le texte soit plus explicite. De telles contraintes n'existent pas en Japonais.

Ce livre a subi de nombreuses transformations et la liste de ceux qui ont contribué à son élaboration est trop longue pour être citée ici. Je les remercie tous pour leur coopération et tout particulièrement M. Paul Kang qui a consacré beaucoup de temps et d'énergie à la traduction des idées et des concepts japonais les plus difficiles. Je tiens aussi à remercier Walter Frese et David Jones pour leur patience et leurs précieux conseils.

Patricia Saotome

INTRODUCTION

Je pense que nombreux sont ceux qui auront des difficultés à comprendre "Aïkido, Nature et Harmonie". Certains seront déçus de n'y trouver que quelques explications sur l'exécution de l'Aïkido en tant qu'art de self-défense. En ne recherchant qu'une information technique, ces lecteurs risqueraient de ne pas saisir le rapport entre l'Aïkido, les sciences et les phénomènes naturels. Ce n'est pas une technique au sens strict que je souhaite transmettre ici mais plutôt la signification profonde de l'enseignement de Morihei Ueshiba, fondateur de l'Aïkido.

Tout mouvement d'Aïkido émane des lois universelles, a pour but de développer une compréhension approfondie de l'équilibre parfait de la nature et de retrouver l'harmonie qui relie l'homme à Dieu. J'aimerais recréer dans l'esprit de chacun d'entre vous la vision première de nos origines. J'aimerais extraire de votre subconscient le souvenir des balbutiements de la Création, les images de cette lutte perpétuelle que fut l'incroyable évolution de l'humanité.

Nous oublions trop facilement nos racines et négligeons l'équilibre précaire qu'engendre la dépendance d'une forme de vie sur toutes les autres. Si chacun s'appliquait à préserver les ressources naturelles et à les utiliser avec respect, la Nature serait protégée ainsi que la société et les individus qui la composent. L'auto-défense signifie protéger et garantir les moyens de subsistance. Il est évident que la destruction de la nature met en péril notre survie, et la contamination de l'air et de l'eau menace toute forme de vie.

Le Budo n'est pas seulement l'art des techniques de combat, mais l'art de préserver la vie. L'Aïkido est avant tout Budo. Mais à quoi sert une technique de combat au milieu de la misère? De nombreux maîtres du Budo le comprirent et renoncèrent au sabre pour cultiver la terre.

Nous vivons dans une société où tout se jette, comme les gobelets en papier, où chaque acte dénotant paresse ou égoïsme constitue un crime contre la nature. Nous sommes tous des criminels et courrons à notre perte.

"Paix et Harmonie" n'est pas une expression de vaine logique. Elles seules, ainsi que l'observation constante des lois naturelles peuvent nous sauver et sauvegarder les générations à venir.

C'est ce que O Sensei nous a enseigné; c'est pourquoi j'ai écrit ce livre.

Ces quelques lignes ne constituent en rien une préface ni une dédicace, ce serait trop présomptueux de ma part et de toutes façons on ne préface pas l'ouvrage de quelqu'un qui vous est de très loin supérieur et en l'occurence un de mes véritables Maîtres.

Mon propos est uniquement d'accueillir et de souhaiter la "bienvenue" à ce livre exceptionnel, mûrement pensé, résultat d'une expérience incomparable, livrée avec intelligence et chaleur sans aucune restriction.

J'ai fait la connaissance de Mitsugi Saotome Sensei en 1969, deux jours après mon arrivée à Tokyo. C'était mon 4e cours à l'Aïkikaï. Des milliers d'autres heures ont suivi, les années ont passé, mais j'ai encore en mémoire le souvenir précis et inaltérable de ce cours. Je crois avoir avec lui des relations privilégiées, outre la pratique de l'Aïkido à proprement parler. Je lui dois toutes les techniques du Jô qu'il m'enseigna en particulier et ces délicieuses heures de conversation à bâtons rompus que nous avions dans ce petit café à proximité de l'Aïkikaï, qui m'ont permis, je le crois, d'entrevoir quelque peu à quel point l'Aïkido est un art. Très proche de nous Saotome Sensei savait se mettre dans nos rangs pour suivre les cours de Yamaguchi Sensei et nous avions la lourde tâche d'essayer de le "bouger".

Rigueur - aisance - précision - efficacité - attitude superbe sont vraiment les mots qui résument l'aïkido du Maître Saotome.

Une seule ombre à ce tableau et je dois dire que tous les élèves, Maîtres et moi-même lui en avons beaucoup voulu lorsqu'il nous annonça qu'il allait nous quitter pour s'exiler aux États-Unis. Nous avons tout fait pour le retenir, mais sa décision était prise. Quelle aubaine pour les Américains. Enfin le mal est réparé puisqu'il accepte maintenant de nous donner un peu de son temps pour nous rendre visite régulièrement en Europe. Qu'il soit remercié pour son enseignement et pour ce livre auquel les pratiquants réserveront, j'en suis sûr, le meilleur accueil.

Christian Tissier

PRÉFACE

par David Jones

J'aimerais commenter l'ouvrage de Maître Saotome "Aïkido, Nature et Harmonie" du point de vue de ma spécialité, l'ethnologie, cette branche de l'anthropologie regroupant les sciences comparatives de l'homme. Je me suis particulièrement penché sur ce qui exprime un caractère universel dans des conditions culturelles données. Certains comportements, bien que se manifestant dans des zones géographiques différentes sont très éloquents. Dans les sociétés chassant le gros gibier par exemple, les hommes sont généralement considérés comme supérieurs aux femmes. Il existe d'ailleurs une relation inversement proportionnelle entre la taille de l'animal chassé et le statut relatif des femmes : plus l'animal est petit, plus le statut de la femme est élevé. Pour ce qui est des tendances guerrières, on peut dire que les peuplades de cultivateurs et d'éleveurs ayant des ressources à préserver ont davantage de raisons de faire la guerre que les nomades vivant de la chasse et de la cueillette.

D'autres comportements, bien que largement répandus, ne s'expliquent pas aisément. Par exemple, dans les sociétés pratiquant le châtiment corporel des enfants, la punition des dieux prend la forme d'une torture physique. Dans certaines sociétés à tendance polygame, les femmes s'appellent "sœurs" entre elles et le mot ami n'existe pas dans le vocabulaire de nombreuses tribus de chasseurs et de "cueilleurs".

Dans une certaine mesure, les milliers de comportements décrits par l'anthropologie présentent une image de l'homme universel. Ils reflètent la nature profonde commune aux espèces et mettent en évidence les modes de vie que les hommes ont choisis et adoptés. L'Aïkido, considéré sous sa forme la plus sophistiquée est une des manifestations modernes de cette chaîne ininterrompue de comportements codifiés auxquels des milliards d'êtres humains à travers des dizaines de milliers d'années se sont soumis.

Comme le suggère ce court exposé, les idées de Saotome Sensei ont des fondements anthropologiques, à savoir que l'Aïkido propose un mode de vie susceptible d'avoir un sens pour l'humanité toute entière.

Une des nombreuses contributions que Saotome Sensei apporte dans cet ouvrage est une présentation et une explication du Kannagara no Michi, c'est-à-dire la vision du monde qu'avait le fondateur de l'Aïkido; Maître Morihei Ueshiba. Ceux qui étudient les arts martiaux japonais et l'Aïkido en particulier seront vivement intéressés par ce que Ueshiba pensait de la nature véritable des choses. Kannagara signifie ruisseau de Dieu, flot d'énergie créatrice jetant un pont entre le passé et l'avenir, nous dit Saotome Sensei. Il ajoute que Kannagara No Michi est la Voie conduisant à la réalité et la vérité divines. Il écrit :

"Kannagara est une forme d'intuition, un mode de liberté suprême... Pour celui qui se dirige dans cette Voie, toutes les actions naissent d'un respect sincère, d'une reconnaissance de la perfection de la Nature et d'une certitude que toute chose renferme une parcelle vivante de l'Esprit du Kami, créateur de l'Univers. Les montagnes, le vent, les rivières portent son nom... La notion d'un Kami à la fois multiple et unique peut sembler paradoxale; et les esprits scientifiques admettront difficilement qu'il gouverne la Nature toute entière."

On peut considérer le Kami comme moyen expérimental pour comprendre l'immensité singulière du Kannagara dans les détails de la vie quotidienne. Cette notion de base du Kami suivant laquelle toute chose possède une conscience, une lumière intérieure, est bien connue de l'anthropologie. Nous utilisons le terme Animisme pour décrire un système de croyances religieuses dans lequel chaque plante, animal, être humain, corps céleste ou forme terrestre dispose d'une seconde âme, ou essence spirituelle. Edward B. Tylor, le père de l'anthropologie forgea le terme d'animisme et élabora sa théorie sur l'origine et la nature de la religion.

La notion d'un Kami à la fois multiple et unique dans le Kannagara no Michi plonge ses racines dans le Totémisme. Dans "*Les formes élémentaires de la vie religieuse*", un des sociologues les plus renommés de tous, Émile Durkheim, considérait le Totémisme comme source de l'expérience religieuse. Le modèle totémique sous toutes ses formes et appellations les plus diverses traverse de part en part l'aventure humaine.

Un autre aspect essentiel de l'Aïkido est le concept japonais du Ki. Cette notion est particulièrement difficile à faire comprendre à un occidental. Saotome Sensei le définit comme "l'essence cosmique de la vie". En anthropologie, on utilise le terme "d'Animatisme" pour qualifier la croyance en une force non anthropomorphique (non humaine) flottant librement et censée exister tout le temps, en tous lieux et en toute chose. D'éminents pionniers de l'anthropologie pensaient même que l'animatisme était encore plus répandu que l'animisme. Ki est le mot japonais désignant cette force. Les Chinois disent "Chi", les Yogi "prana". Chaque expression reflète sa propre culture mais la croyance fondamentale que l'on rencontre dans ces exemples et dans bien d'autres encore est la même.

En reliant l'Aïkido à des modes de croyances comme l'animisme, l'animatisme et le totémisme, je suis loin d'affirmer que l'Aïkido ne s'inspire que d'une collection d'idées anciennes. D'ailleurs grand nombre d'entre elles ne valent sans doute pas la peine d'être mentionnées. Je pense que l'animisme, l'animatisme et le totémisme peuvent représenter certaines conceptions humaines sur la nature de l'existence. Si on regarde ce qui ce cache derrière le mot "ki", on découvre l'être humain aux prises avec les mêmes problèmes. Bien que les mots changent et que le concept animatiste subisse certaines variations, on finit toujours par percevoir quelque part dans les modes de vie anciens et modernes cette "essence cosmique". J'irai même jusqu'à dire que l'humanité toute entière respire à travers ce concept de Ki.

Dans la pratique de l'Aïkido, le centre est constamment sollicité : il faut être "centré" pour exécuter la technique de self-défense, il faut aussi faire jaillir le Ki de son centre. Les Japonais utilisent le mot "hara" pour localiser ce centre situé dans la partie inférieure de l'abdomen. Le Hara est considéré comme le siège de la concentration de l'énergie physique et spirituelle et pour le pratiquant avancé, il peut revêtir une signification cosmique. Le concept de Hara se retrouve dans le monde entier. Nous disons de quelqu'un qu'il a des "tripes" pour indiquer son courage, son endurance et ce faisant, nous attribuons à l'abdomen une certaine force vitale. Lors d'un voyage dans leWyoming, j'entendis un vieux cow-boy dire à un jeune qui s'apprêtait à monter son premier cheval de rodéo : "Ta seule chance est de le sentir là, dans ton ventre". Dans de nombreuses tribus mélanésiennes, dans le Pacifique Sud-ouest, la question "Comment va ton nombril"? est une formule courante. Dans les montagnes de la Nouvelle Guinée, les Dugum dani pensent que l'edai egen ou "graine du chant" se loge dans l'abdomen et qu'il est la source de l'énergie vitale. Les Chinois ont le Tan-Tien ou mer du Ki et le situent juste en-dessous du nombril. Le système Chakra du Yoga indien y localise aussi un Chakra vital. Le centre en Aïkido est tout cela.

Si l'Aïkido pouvait revêtir une forme, ce serait certainement celle du cercle. Maître Ueshiba dit :

"La technique de l'Aïkido est basée sur le mouvement circulaire car tout conflit n'est résolu, toute harmonie n'est obtenue qu'à travers l'esprit du cercle... Le cercle englobe l'espace et c'est de la parfaite liberté de ce vide que naît le Ki. C'est à partir de ce centre que les processus de création sont reliés par l'Esprit à l'Univers sans limites. L'Esprit est le Créateur, le parent éternel insufflant la vie à toute chose... A l'intérieur du cercle, le Ki de l'Univers est dirigé vers des processus de création, d'évolution et de protection."

Dans ce livre, Saotome Sensei relie la notion de peuple à l'esprit du samouraï, un esprit de courage, de dévouement, de générosité. Saotome analyse bien la signification et l'importance du "Marubashi" ou pont de la vie, technique d'une école de sabre japonaise préconisant une entrée directe sur l'attaque de l'adversaire. De nombreux peuples pourraient comprendre cette statégie. L'histoire des luttes personnelles du fondateur de l'Aïkido que nous raconte Saotome Sensei constitue l'exemple universel d'un homme sensible courageux et déterminé qui surmonte maintes épreuves afin de parvenir à la vision profonde du monde qu'il nous livre ensuite. L'histoire de sa vie a une portée universelle et peut être appréciée par toutes les cultures.

Saotome Sensei insiste aussi sur les prolongements possibles que cette vision de l'Aïkido pourrait avoir dans l'avenir, et donne une interprétation de la philosophie de l'Aïki à travers les méthodes et les découvertes scientifiques. Il évite ainsi le piège dans lequel tombent bon nombre d'auteurs qui s'attaquent au fondement scientifique des anciennes croyances. Il parvient à combiner et enrichir les notions de Ki, de Kannagara et autres concepts délicats avec des données scientifiques. Il amplifie la voix de l'Aïkido sans pour autant sacrifier ses origines. Après la lecture de cet ouvrage, l'image de l'Oiseau Tonnerre semble se fondre au diagramme représentant les courants d'énergie d'un orage. Le diagramme devient plus sensuel et plus vivant et l'oiseau en retire des contours et une structure plus réels.

Pour ma part, j'ai beaucoup apprécié cet aspect particulier de la présentation de Saotome Sensei : une guerre insidieuse ravage le monde entier. Ceux qui voient l'Oiseau et ceux qui perçoivent le diagramme se livrent une guerre sans merci. Les uns passent pour des primitifs, des incapables, et des rêveurs, alors que les autres sont considérés comme des êtres rigides, simplistes et inhumains. Comme le fait clairement ressortir l'exposé de Saotome Sensei, l'Aïkido recherche l'harmonie au cœur du conflit, non pas en tant que valeur des sociétés dites civilisées mais parce qu'elle est le processus essentiel de la création. Derrière les antagonismes, se cache une unité plus profonde, plus puissante. Saotome Sensei démontre aux animistes que la Science les soutient et les légitimise, et il conseille aux Scientifiques de ne pas écarter la vision animiste et de la considérer comme un prolongement enrichissant de la connaissance. Les philosophes de l'anthropologie ne peuvent qu'applaudir l'Aïkido de Saotome Sensei. Dans son introduction, il écrit :

"J'aimerais recréer dans l'esprit de chacun d'entre vous la vision première de nos origines. J'aimerais extraire de votre subsconscient le souvenir des balbutiements de la Création, les images de cette lutte perpétuelle que fut l'incroyable évolution de l'humanité."

En tant qu'anthropologue, je considère l'expérience individuelle de l'Aïkido comme un microcosme de l'évolution biologique et culturelle de l'homme. Il faut prendre Saotome Sensei au pied de la lettre. Son Aïkido émane des principes de l'énergie cosmique et il est d'ailleurs impressionnant de considérer que l'Aïkido est une forme d'art cherchant à relier l'individu au processus de la création.

Nous ne pouvons ébaucher ici une approche de l'Aïkido en relation avec différentes cultures. Les exemples se multiplieraient à l'infini. L'Aïkido est un système si harmonieux contenant les valeurs, croyances et comportements de tant de sociétés humaines qu'une comparaison point par point donnerait lieu à des volumes entiers. Il est indéniable que

Morihei Ueshiba fit vibrer une corde très sensible de l'esprit humain. Sa grande contribution fut de créer l'Aïkido, une méthode élaborée dans ses moindres détails, pour cultiver l'individu et le confronter à la Vérité. Morihei Ueshiba était un japonais au destin exceptionnel et l'Aïkido porte la marque de sa culture. Cependant, l'Aïkido a des racines universelles et n'a de japonais que son nom.

Les thèmes essentiels de ce livre sont traités avec beaucoup de verve et de bonheur. Le texte accessible, mais non dénué de poésie et de vigueur, les photos bien conçues, les dessins originaux, l'élégante calligraphie, les exemples pertinents tirés de l'histoire du Japon, l'utilisation judicieuse des documents techniques et scientifiques, le portrait saisissant de la vie et de la philosophie de Maître Ueshiba et la très grande sensibilité littéraire et artistique de l'auteur contribuent à faire de "Aïkido, Nature et Harmonie" un livre d'une grande richesse.

Saotome Sensei, à travers le langage de l'Aïkido s'adresse au bon sens : l'Aïkido se trouve au cœur d'une prière universelle et constitue l'affirmation éloquente d'un désir humain fondamental existant depuis la nuit des temps.

Note du traducteur français

La traduction française de "Aïkido, Nature et Harmonie" constitue en quelque sorte la troisième version d'un texte conçu en Japonais et traduit en Anglais. Pour garder une plus grande authenticité, nous avons préféré conserver les expressions et termes japonais plutôt que d'en donner une traduction inexacte.

Aucun chapitre de cet ouvrage ne pourra être compris et apprécié pleinement s'il est prélevé de l'ensemble. Comme le souligne Saotome Sensei à propos de la pratique, toute technique d'Aïkido, elle-même le produit d'un enchaînement de mouvements, ne doit pas être isolée des autres.

Espérons que, malgré les exigences linguistiques, cette version aura su rester fidèle à la pensée et aux idées de Maître Saotome.

Anne Morteaux

Maître Morihei UESHIBA

TABLE DES MATIÈRES

Le Kanji AI utilisé seul signifie union, rencontre, communication, confluence.
KI se traduit par énergie, puissance, vibration, l'essence de la vie et de l'esprit.
AIKI signifie donc rassembler la force, devenir un avec l'énergie de l'univers, avec la force vitale.
TAKEMUSU AIKI est le mouvement de la vérité, la protection et la création de la vie. C'est une application spontanée et créative permettant aux lois dynamiques de l'Univers de s'exprimer à travers le corps humain et à la puissance de l'énergie universelle de pénétrer l'esprit humain.
Le premier caractère TAKE est le même que le BU de BUDO - Takemusu est l'esprit de la Voie du guerrier.

CHAPITRE I

LA VIE DE MORIHEI UESHIBA,
FONDATEUR DE L'AÏKIDO

"Saotome, il faut rapprocher cette marche de pierre de la maison, le seuil est difficile à franchir." D'un coup d'œil, j'estimai que deux hommes ne parviendraient pas à soulever le bloc de marbre de deux mètres de long que mon maître avait indiqué. Lorsque je revins de la cabane à outils et commençai à installer un levier de fortune, j'entendis O Sensei derrière moi : "Saotome, que fais-tu?" Et d'un geste impatient, il m'écarta de son chemin et saisit une des extrémités du bloc de marbre. Il le souleva, le déplaça de quinze centimètres puis procéda de même de l'autre côté. Je le regardai bouche-bée et il marmonna d'un air dégoûté : "les garçons d'aujourd'hui n'ont vraiment aucune force." J'avais tout juste vingt ans, j'étais fort et musclé et m'entraînais plusieurs heures par jour. Mais je n'aurais pu bouger d'un pouce la marche de marbre que cet homme d'un mètre cinquante et âgé de soixante dix huit ans avait déplacé si facilement.

Mais à quatre vingt cinq ans, ses forces l'abandonnèrent peu à peu; il était devenu très maigre, marchait avec peine et avait besoin d'aide pour gravir les escaliers. Chaque mouvement était devenu un supplice, mais son état ne l'empêcha pas de continuer à enseigner l'Aïkido. Une fois sur le tatami, ce vieil homme en proie à la souffrance se transformait en une force invincible. Sa présence était imposante, ses yeux pétillaient et son corps rayonnait de puissance. Il projetait sans effort ses *uchi deshi*, tous jeunes et dans une excellente condition physique. Ne manifestant aucun signe de douleur ou de gêne, il se riait de nos assauts successifs. En démonstration, il sollicitait cinq d'entre nous avec son sabre, afin que nous repoussions son arme des deux cotés. Nous ne parvenions jamais à le faire bouger d'un pouce. Un mur de pierre eût été plus facile à déplacer.

Je me souviens d'un cours en particulier qui restera à jamais gravé dans ma mémoire. C'était peu avant son entrée à l'hôpital. Je le vois encore devant moi. Je tenais mon *bokken*, prêt à attaquer quand tout à coup il disparut. A sa place s'élevait une formidable montagne. Sa présence faisait trembler le *dojo*. Je tressaillai en décelant dans son regard la profondeur de son esprit. Il y brillait la lumière de la sagesse et une force vieille de milliers d'années. J'étais incapable de bouger, et les mains moites, je serrais mon *bokken* en bois. Le visage couvert de sueur, je sentais mon cœur battre jusque dans les veines de mes bras et de mes jambes. "Attaque!" ordonna O Sensei. Je concentrai ma volonté en un seul *kiai*, cri de l'effort suprême, et attaquai avec toute la rapidité et toute la force que je pouvais rassembler. Il y eut un éclair devant moi et O Sensei disparut. J'avais pourtant frappé avec toute ma détermination, mais O Sensei avait esquivé mon attaque et j'entendis trois fois le sifflement de son *bokken*. Il était derrière moi. "Saotome, comme tu attaques lentement!" A peine dix minutes auparavant, j'avais aidé un vieil homme à gravir péniblement les deux étages qui menaient au *Dojo*.

Sa santé continua à décliner. Après un bref séjour à l'hôpital, les médecins le renvoyèrent chez lui, jugeant que sa mort était proche. Pendant les deux dernières semaines de sa vie, je venais souvent m'asseoir à son chevet : sous cette longue barbe blanche et clairsemée, son visage se creusait de jour en jour. C'est avec la plus grande tristesse que je me remémorais sa force quasi surhumaine. Son corps se consumait mais son esprit gardait toute sa vivacité et ses yeux reflétaient la pureté paisible d'un enfant. Bien qu'il parlât très peu, il communiquait par le regard et l'Aïkido était constamment dans ses pensées.

Deux jours avant sa mort, se redressant dans son lit, il regarda les élèves qui étaient réunis autour de lui, et dit : "Ne vous inquiétez pas pour ce vieillard que je suis. Toute vie physique est limitée. Le corps se transforme mais l'esprit ne meurt jamais. Bientôt, j'entrerai dans le monde spirituel, mais je veux protéger le monde. C'est votre tâche maintenant." Après quelques minutes de méditation, il poursuivit : "Tous mes élèves doivent se le rappeler : je n'ai pas créé l'Aïkido. *L'Aïki* est la sagesse de Dieu et emprunte la Voie des lois qu'Il a créées.

Levant les yeux, O Sensei nous fit comprendre qu'il voulait aller à la salle de bain. "Excusez-moi, mais à force de rester allongé toute la journée, mes jambes ne me portent plus." Je m'empressai de lui prendre un bras et Yoshio Kuroiwa, un ami très proche, se chargea de l'autre. Nous avancions lentement dans le couloir, le maintenant bien fort de peur qu'il ne tombe, lorsque O Sensei se redressa subitement, une lueur de fierté éclairant son regard. "Je n'ai pas besoin d'aide." dit-il. Et d'une secousse, cet homme affaibli et mourant se dégagea en projetant les deux *shihan* que nous étions contre les murs du couloir. Morihei Ueshiba continua à avancer seul, pas à pas, et sa vie semblait se consumer comme la flamme vacillante d'une bougie qui va s'éteindre. Il se rapprochait de la mort avec sérénité, saisissant la réalité de chaque instant. Seul cet instant comptait, et il suspendait l'infini à son souffle. Combien de souvenirs chaque pas renfermait-il ? Ses yeux brillaient, sa présence était majestueuse. Ce fut son dernier défi.

Le Fondateur exécute IKKYO

Un récit détaillé de l'histoire de l'Aïkido et de son fondateur nécessiterait plusieurs volumes et dépasserait le cadre de ce livre. Je pense qu'un résumé aidera cependant le lecteur à mieux comprendre cet art.

La vie riche en événements de Morihei Ueshiba fut le processus qui donna naissance à l'Aïkido, la cristallisation de son entraînement spirituel et l'expression créatrice de sa poursuite constante de la vérité. Elle témoigne de la transformation des instincts égoïstes et agressifs à travers une discipline personnelle très stricte et une ferveur qui atteint les niveaux supérieurs de la conscience, l'amour et le respect de l'humanité, un amour divin et universel qu'O Sensei appelait "l'amour du *Kami*."

Toute sa vie durant, le Fondateur vécut comme un *samouraï*, dans la tradition de l'ancien Japon. Il symbolisait cette union avec les forces cosmiques qui a toujours constitué l'idéal spirituel des arts martiaux à travers l'histoire du Japon. Le nom de celui qui parvint à réaliser cet idéal et se mit au service de la communauté éclaire l'histoire du *Budo*, la Voie du guerrier.

C'est le 14 décembre 1883, dans le district Motomachi de la ville de Tanabe, préfecture de Wakayama, que naquit Morihei Ueshiba, quatrième enfant de Yoroku et Yuki Ueshiba. Il était de faible constitution et souvent malade. Les histoires de miracles que l'on racontait dans la région de Kumano au sujet du grand maître bouddhiste Kobo Daishi le plongeaient dans de longues rêveries et à l'âge de sept ans, il commença à étudier les classiques chinois dans une école privée de la secte bouddhiste Shingon. Pour un élève aussi jeune, il manifestait un intérêt très vif pour la méditation, les incantations et prières de cette secte ésotérique, et son père, un homme fort et vigoureux, préoccupé par son attirance pour les matières spirituelles lui fit pratiquer le *Sumo* et la natation.

Pendant les années suivantes, le jeune Ueshiba reçut une excellente éducation à l'école primaire de Tanabe, et y développa un esprit et un corps sains et forts. Puis au collège (pour les élèves âgés de 13 à 17 ans), il prit des cours particuliers d'abaque et progressa si vite qu'en moins d'un an, il devint professeur assistant.

Le Fondateur, tenant un éventail blanc pare l'attaque au bokken de l'auteur avec un mouvement Irimi.

Ueshiba vint s'installer à Tokyo au printemps de 1901 et fonda la Compagnie Ueshiba, une librairie-papeterie employant plusieurs vendeurs. A cette époque, son intérêt pour le *Budo* allait croissant et pendant son séjour à Tokyo, il étudia à l'école de Kito de *Ju Jitsu* (combat à mains nues) et à l'école de Shinkage de Ken Jutsu (sabre). De nouveau malade, il fut contraint de céder son commerce à ses employés et retourna à Tanabe où, une fois guéri, il épousa Hatsu Itokawa, une amie d'enfance. Le sens profond des responsabilités sociales que lui avait inculqué son père se renforça avec le mariage et la vie de famille.

Samuraï

A cette époque, une loi favorisant les grandes flottes commerciales fut votée au détriment des petits pêcheurs côtiers du district où Ueshiba habitait. S'opposant à cette loi, il se joignit à la campagne réclamant sa révision et il participa à une manifestation dans le petit village de pêcheurs d'Iso. Grâce à son aide, le problème fut résolu et il gagna dans la région une certaine notoriété.

A vingt ans, Ueshiba s'enrôla dans l'armée et servit dans le 37e régiment de la quatrième division d'Osaka. Il attira vite l'attention de ses supérieurs par son travail acharné et son extraordinaire habileté. Au maniement de la baïonnette, il était si rapide que ceux qui le regardaient ne pouvaient comprendre comment il faisait voler chaque adversaire instantanément.

Pendant la guerre russo-japonaise, son courage immense fut l'objet de nombreuses histoires et ses camarades le surnommèrent "le soldat *Kami*". Conscients qu'il avait l'étoffe d'un général, ses supérieurs l'engagèrent à s'inscrire à une école d'officiers. Mais après quatre années de loyaux services, il préféra quitter l'armée pour rejoindre sa famille à Tanabe. Il revint avec un diplôme de l'école de sabre de Yagyu qu'il avait obtenu en s'entraînant pendant ses heures de liberté, suscitant le respect et l'admiration de tous ceux qui avaient servi avec lui. A son retour à Tanabe, il se consacra aux services publics et travailla pour le bien de la communauté. Son honnêteté et son dévouement lui valurent vite une grande popularité.

En 1912, le gouvernement japonais annonça la mise en œuvre d'un projet pour repeupler l'Hokkaido, situé au nord du Japon et encouragea des volontaires à aller s'y installer. Le but de l'opération était de développer l'espace habitable et cultivable de cette île dont la situation stratégique intéressait les autorités russes de l'époque. Tenté par cette aventure et cette mission, Ueshiba, alors âgé de vingt-neuf ans, rassembla un groupe de quatre-vingt personnes issues de cinquante quatre familles de sa région et ensemble ils fondèrent le village de Shirataki dans le comté de Monbetsu, Kokkaido.

Cette terre froide et inhospitalière résista d'abord longtemps aux efforts acharnés des nouveaux-venus. Les violents orages et les chutes de neige rendaient l'exploitation de la forêt quasi impossible. Leurs travaux de défrichage étaient interrompus par des pluies glaciales et pendant les deux premières années, ils vécurent dans des abris de fortune, ne récoltant aucun fruit de leur dur labeur. Le moral était au plus bas mais Ueshiba, animé d'un optimisme à toute épreuve, travailla sans relâche et sa détermination pour obtenir des fonds de secours coûte que coûte fut un exemple pour tous.

Deux années plus tard, la terre donna les récoltes tant attendues et les pionniers sentirent qu'une sédentarisation était enfin possible. C'est Ueshiba qui imagina tous les projets : culture de la menthe, exploitation forestière, élevage chevalin, coopérative laitière, contribuant ainsi largement au nouvel essor du village. Il fut d'ailleurs surnommé le Roi de Shirataki et les gens venaient le consulter quand ils rencontraient des problèmes. Plus tard, il fut élu au conseil municipal, et favorisa la prospection des ressources minières du sous-sol. En 1915, il rencontra Sogaku Takeda, maître de l'école Daito de *Ju Jutsu* qui voyageait dans la région. Très impressionné par la technique de Takada, Ueshiba continua sa recherche de Budo en étudiant le Daito ryu.

En novembre 1919, il reçut de mauvaises nouvelles de son père dont l'état de santé était très critique. Il quitta l'Hokkaido, laissant à maître Takeda toutes ses terres en échange de ses précieux enseignements. En cours de route, il apprît qu'un maître de la nouvelle secte Shinto nommé Onisaburo Deguchi se trouvait à Ayabe, près de Kyoto. Il pratiquait le Chinkon Kishin. Voie accédant à la communication avec l'esprit divin du *Kami* au moyen de la méditation prolongée. Dans l'espoir d'obtenir la guérison de son père, grâce à ses prières, il se rendit à Ayabe.

De retour à Tanabe, il apprit que son père était mort quatre jours auparavant. Profondément peiné par cette disparition, il passa de longs mois à prier et à méditer. Puis ses pensées se tournèrent à nouveau vers Deguchi et son enseignement révolutionnaire des valeurs spirituelles traditionnelles. Il déménagea à Ayabe avec sa famille et entra dans la vie religieuse de Omoto Kyo. Deguchi l'aimait et le respectait et lui confia de nombreuses responsabilités. Il lui dit : "Tu devrais consacrer ta vie au *Budo*. Tu as en toi la force de déplacer des montagnes. Fais-le !"

Sur ces conseils, le Fondateur ouvrit l'école Ueshiba d'arts martiaux. Il enseigna essentiellement à des adeptes de l'Omoto-Kyo, mais sa renommée en tant que maître se répandit rapidement. Il défricha et cultiva la terre, menant l'existence d'un fermier et mettant en pratique son idée de la relation entre Budo et agriculture. L'étude du Kototama ou de la fonction spirituelle des sons fut un des aspects clé dans sa recherche du véritable esprit Budo et progressivement il forgea sa théorie sur l'unification de l'esprit, de l'âme et du corps. En 1923, il donna le nom officiel d'*Aïki Bujutsu* à son art.

L'année suivante, il accompagna Deguchi en Mandchourie pour fonder un centre spirituel pour l'amour et la fraternité universels, appliquant les principes de l'Omoto Kyo suivant lesquels tous les enseignements ont la même origine. Leur route fut semée de nombreuses embûches et ils durent affronter bandits de grand chemin et soldats. Mais Ueshiba avait acquis une telle vigilance que lorsqu'on le tenait en joue, il percevait l'agression sous la forme d'une lueur blanche précédant la balle. Il décrit ainsi son expérience : "Avant que l'adversaire ne puisse appuyer sur la gâchette, son intention de tuer se cristallisait en une boule de lumière spirituelle qui volait vers moi. Je l'évitais, ainsi aucune balle ne pouvait m'atteindre."

Aïki Bujutsu : Harmonisation de l'esprit basée sur les mouvements martiaux classiques. Jutsu est la technique et Do indique la Voie.

Aïki Bujutsu

kototama

Kototama : la vibration et la force de chaque syllabe et leur influence sur le monde sensible et spirituel.

Après son retour au Japon en 1925, Ueshiba se consacra à l'étude des techniques de la lance. Il s'entraîna jour et nuit, utilisant ses propres méthodes tant sur le plan physique que spirituel et ses compétences martiales atteignirent un niveau exceptionnel. C'est à la suite d'une période d'entraînement particulièrement intense et pendant un exercice de méditation et de purification qu'il eut la révélation de ce qu'il avait cherché toute sa vie. L'esprit de l'Univers enveloppa son corps d'une lumière transparente, il saisit l'essence du *Ki*, et fut envahi par la conviction que la source du Budo est avant tout l'esprit de protection.

"*Budo* ne signifie pas vaincre l'adversaire par la force. Ce n'est pas non plus une arme des destruction. Le véritable Budo consiste d'abord à accepter l'esprit de l'Univers, à sauvegarder la paix en ce monde, à protéger et favoriser l'épanouissement de tous les êtres." (Morihei Ueshiba).

Pendant qu'il se vouait à des études plus approfondies et à l'élaboration de cette nouvelle "Voie du *Budo*", sa réputation ne fît que s'accroître dans les cercles du *Budo* à travers tout le Japon. Il parcourut le pays et enseigna l'Aïkido dans tous les milieux.

L'année 1932 fut particulièrement remplie pour Maître Ueshiba qui donna de nombreuses démonstrations à travers le pays; de nouveaux dojos s'ouvrirent dans d'autres quartiers de Tokyo ainsi qu'à Osaka et à Kyoto.

En 1942, alors que le Japon multipliait les opérations militaires, Ueshiba fut profondément attristé par la disparité entre ses idées de paix et de coopération et la situation internationale. Avec sa femme Hatsu, il se rendit dans la ville d'Iwama, dans la préfecture d'Ibaraki, et encore une fois défricha la terre pour la cultiver, et construisit un *dojo* en plein air, un sanctuaire de l'*Aïki* servant de retraite spirituelle. Le Fondateur rapporta ce qu'il déclara à l'époque : "l'Armée comporte un nombre croissant d'individus qui se servent aveuglément de leur pouvoir. Ils ont oublié qu'il faut porter secours à ceux

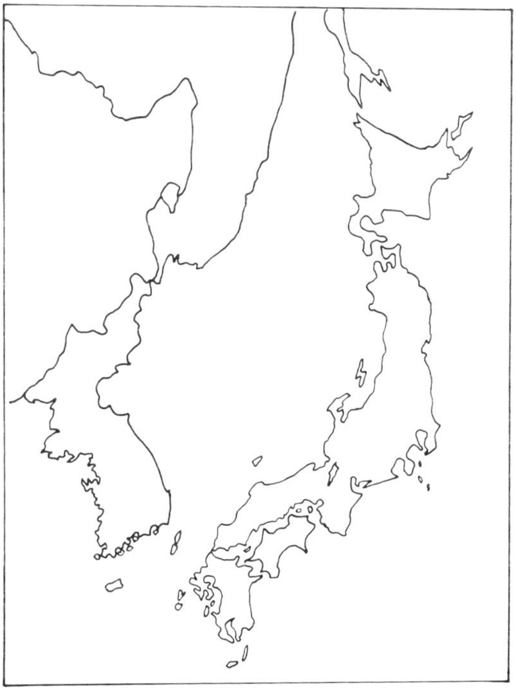

qui souffrent. Ils sont une poignée de fous qui défilent en exhibant leur violence, leur intolérance et leur amour de la destruction. Il faut être vraiment stupide pour aller ainsi contre la nature et la volonté du *Kami*."

"La Voie du Budo insuffle une vie nouvelle dans cette force universelle qui donne naissance à toute chose. L'harmonie, l'amour et la courtoisie sont les éléments essentiels du véritable *Budo*, mais ceux qui détiennent le pouvoir de nos jours ne pensent qu'à jouer avec des armes. Ils considèrent à tort le *Budo* comme un instrument de violence et de destruction et voudraient se servir de moi à ces fins. Je suis las de cette stupidité et n'ai aucune intention de devenir un instrument entre leurs mains. La retraite est ma seule issue."

Ueshiba ne renonça jamais à ses idées et continua d'enseigner la Voie du *Budo* qui passait aussi pour lui par la culture de la terre. "Il est essentiel de mettre en pratique la production de la force vitale à travers le *Takemusu Aïki*."

Pendant et après la seconde guerre mondiale, Maître Ueshiba se consacra à l'agriculture et rechercha la perfection de l'idéal *Takemusu Aïki*. Il était intimement convaincu que la tâche d'un véritable *samouraï* est de construire un monde de paix et de protéger toute forme de vie. Affligé par les horreurs de la guerre, il passait de longues heures à prier. Il avait atteint un degré de conscience spirituelle rarement égalé et vivait sans pratiquement aucun revenu, continuant à exercer corps et esprit, et à travailler la terre.

En 1948, le Japon commença de se relever de ses ruines et jusqu'à cette date les Américains avaient interdit toute pratique des arts martiaux. Parce qu'il mettait l'accent sur la paix et la recherche de la vérité, l'Aïkido fut autorisé à reprendre un rôle actif dans la société, et l'ancienne Fondation Kobukan devint l'actuel Aikikai, dirigé par le fils du Fondateur, Kisshomaru Ueshiba. Son père que l'on appela dès lors O Sensei (Grand Maître), résidait encore à Iwama, menant une vie de *Budo* à la ferme, tout en continuant à s'entraîner et à prier pour la paix mondiale. De temps en temps, il se rendait à Tokyo à la demande de ses élèves pour donner des conférences et enseigner la technique.

C'est en 1959, alors que l'Aïkido s'était largement répandu dans tout le Japon, que la réputation d'O Sensei gagna l'étranger. Le nombre des pratiquants ne fit que s'accroître et certains de ses disciples diffusèrent son

enseignement au-delà des mers. Tous ceux qui furent en contact avec O Sensei, même pour un court instant, furent saisis par sa noblesse, sa force spirituelle et la pureté rayonnante de sa compassion.

A une époque où le Japon était en pleine expansion économique, nombreux furent ceux qui renoncèrent à une carrière ou à l'aisance matérielle pour faire connaître l'Aïkido d'O Sensei, pour transmettre au grand public cette prière pour l'harmonie et la paix sur une échelle encore jamais atteinte dans l'histoire du *Budo*. Je citerai Kisaburo Osawa, Shigenobu Okumura, Hiroshi Tada et Sadateru Arikawa, tous actuellement maîtres "Shihan" d'Aïkido. Je mentionnerai tout particulièrement Seigo Yamaguchi qui abandonna une carrière prometteuse pour aider l'Aïkido. Un autre Shihan, Morihiro Saito veilla sur O Sensei à Iwama. Et Koichi Tohei fut le premier à introduire l'Aïkido aux États-Unis. De nombreux Shihan consacrèrent beaucoup de temps et d'argent à l'ouverture de dojos à travers le Japon. Des personnalités riches et influentes contribuèrent aussi à l'expansion de l'Aïkido et leur aide fut très précieuse. Mais n'oublions pas les efforts des milliers de pratiquants anonymes qui formèrent la base et le support vital de l'Aïkido.

Maître Morihei Ueshiba s'éteignit le 26 avril 1969. Le même jour le gouvernement japonais lui accorda à titre posthume l'Ordre du Trésor Sacré, récompense suprême, pour avoir fondé et développé l'Aïkido.

J'eus la chance d'être souvent en contact avec O Sensei en tant qu'élève personnel et je fus toujours impressionné par son honnêteté, et le respect profond qu'il tirait de son expérience spirituelle. Pour lui, l'existence de Dieu ne pouvait se limiter à une religion ou à une nation. Sa clairvoyance dépassait largement notre vision du monde. Avoir pu étudier avec lui est un privilège exceptionnel.

Un jour, alors qu'il venait de terminer ses prières quotidiennes au sanctuaire de l'Aïki à Iwama, il se mit à parler d'une voix douce et rêveuse :

"Saotome, on dit que j'ai créé l'Aïkido en pratiquant d'autres arts martiaux. Mais la Voie du *Takemusu* est différente. Elle est née de l'ordre du *Kami*, et je n'ai fait que la suivre et la transmettre aux autres. Je n'ai pas créé l'Aïkido. L'Aïkido est la Voie du Kami et doit faire partie des lois universelles. L'histoire de l'Aïkido commence avec la création de l'Univers. Penses-tu qu'un être humain soit capable de créer de telles lois? L'intelligence humaine est trop limitée pour les comprendre.

Si nous oublions de remercier le *Kami*, notre vie n'a aucune valeur. Si nous oublions le fonctionnement de l'Univers, nous sommes totalement impuissants."

Les pratiquants d'Aïkido attribuent souvent à O Sensei des forces surnaturelles. Sa technique martiale, certes, était en elle-même un véritable miracle, celui d'un homme éclairé transmettant la justice du *Kami* à travers un entraînement physique intense, exploitant d'incroyables possibilités du corps et de l'esprit humain. Cette faculté spirituelle ne fut pas un don du ciel, mais il la gagna en consacrant toute sa vie avec acharnement à la recherche de la vérité, au bien de la société. L'Aïkido peut remplir dans ce monde une fonction primordiale dans l'éducation et l'épanouissement de la société. C'est une philosophie de l'action.

Les cinq principes fondamentaux de l'Aikido enseignés par le Fondateur

1. L'Aïkido est le chemin qui rassemble tous les chemins de l'Univers depuis la nuit des temps, c'est l'Esprit Universel qui contient et relie tous les êtres.

2. L'Aïkido est le principe de vérité enseigné par l'Univers et que nous devons mettre en pratique sur cette terre.

3. L'Aïkido est le principe qui unit l'humanité à la Conscience universelle.

4. L'Aïkido aura atteint son but suprême lorsque chaque être, après avoir suivi son propre chemin, ne fera qu'un avec l'Univers.

5. L'Aïkido est la Voie de la force et de la compassion menant à la perfection infinie et à la gloire divine.

Kobukan

Le vieux Dojo Hombu.
Dans la photo du bas, l'auteur est projeté par O Sensei dans une technique à genoux. SUWARIWAZA.

2 photos du fondateur et ses étudiants.
S. SUGANO, K. CHIBA, M. SAOTOME, DOSHU et O SENSEI.

Le fondateur projette l'auteur.

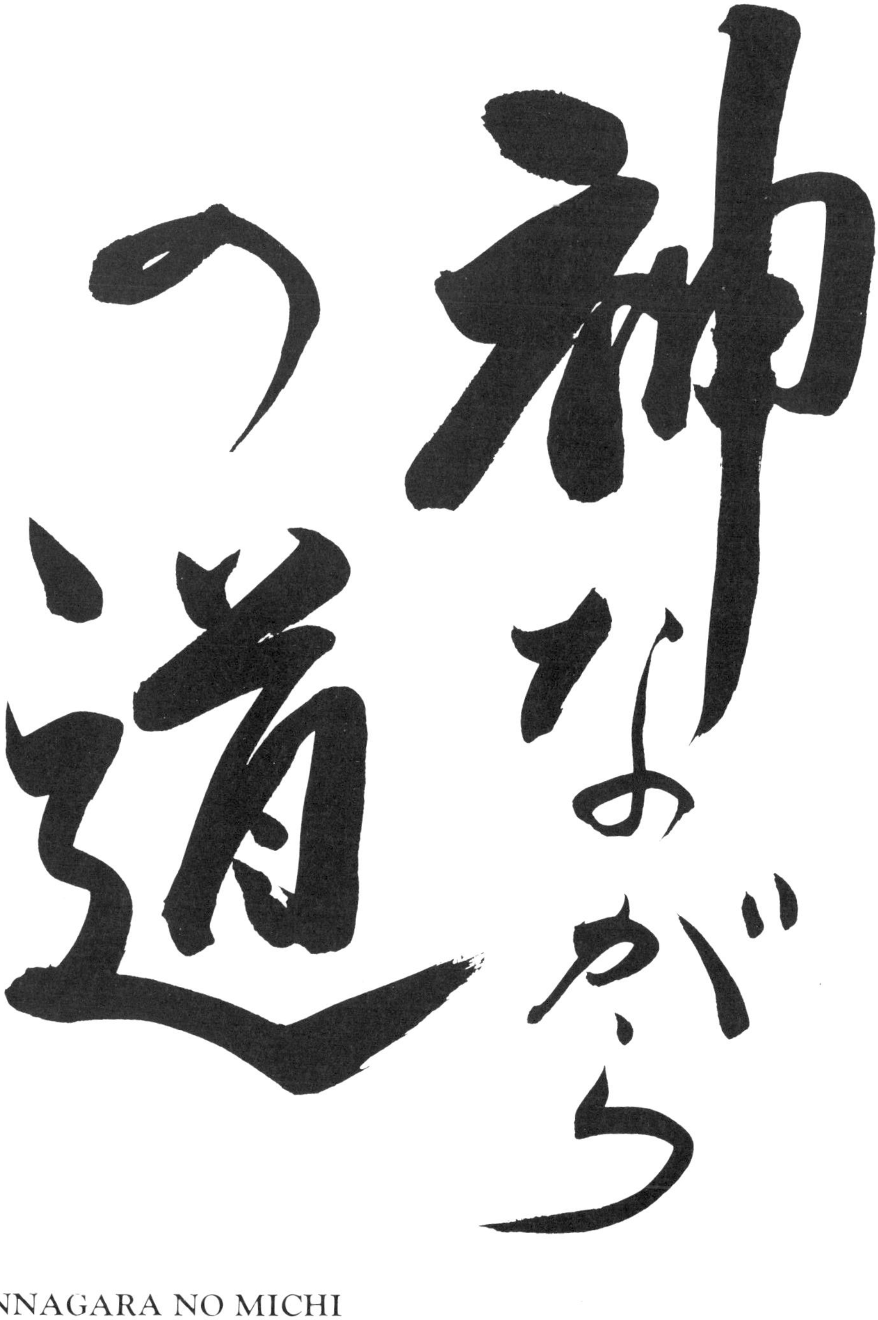

KANNAGARA NO MICHI

KANNAGARA est le flot de Dieu, le flot d'énergie créatrice qui coule entre le passé et le futur.

KANNAGARA NO MICHI dont s'inspira le Shinto, n'est ni une religion, ni une philosophie. Il n'émane d'aucun fondateur, d'aucune écriture sainte. C'est une voie de la vie qui recherche la vérité et la réalité divines.

Mitsugi Saotome

KANNAGARA NO MICHI

Le développement et l'épanouissement d'une tradition constituent un processus culturel forgé par la conscience d'un peuple. L'art, la musique, le langage et notre relation avec Dieu naissent de nos expériences et de nos besoins, de notre conscience fondamentale. La tradition et la théologie, à leur tour, façonnent l'esprit d'une nation de génération en génération.

Etant donné l'existence dans le monde d'une multiplicité d'ethnies, le concept de Dieu a revêtu des noms différents. Lc religion fut d'ailleurs le facteur déterminant qui contrôla les valeurs morales de la société et influença notre vision du monde et de l'Univers. Toutes les civilisations manifestent leur désir de liberté et de bonheur chacune à sa façon : les Chrétiens prient pour un monde chrétien, les Musulmans pour la paix de Mohamed, les Hindous voient en l'Hindouisme l'avènement de la vérité. Toutes ses conceptions de la paix proviennent de contextes différents. Dieu a de nombreux visages.

Mon intention n'est nullement de présenter la Voie de *Kannagara* en désapprouvant d'autres idées religieuses. L'Aïkido est vérité et la vérité ne connaît pas de frontières religieuses ou culturelles. Mais celui qui traça la Voie pour explorer cette vérité était japonais et imprégné des traditions de la religion Shinto. Le sabre était son art, le *Budo* sa Voie. Sa révélation intérieure s'exprime à travers les principes de la vérité universelle. Une exploration des traditions et des comportements qui influencèrent sa vie ainsi que du cadre spirituel dans lequel il évolua sera une aide précieuse pour mieux comprendre son art.

Quand ils évoquent la culture japonaise, les Occidentaux mentionnent souvent l'influence du Zen, une des formes de la pensée bouddhiste. Certes, le Zen contribua largement au développement d'activités culturelles les plus variées telles que le Budo, la cérémonie du thé, l'arrangement floral, la création de jardins et la calligraphie. En fait, quatre philosophies religieuses furent à l'origine de l'épanouissement de la conscience japonaise : le Shintoïsme, le Confucianisme, le Bouddhisme et le Taoïsme. Mais on néglige souvent un point important : l'adaptabilité du peuple japonais cultivée pendant des siècles et nourrie par la Voie intrinsèque du *Kannagara* qui a assimilé les philosophies et les idées d'autres cultures et les a fait siennes.

Grâce à cette faculté d'adaptation, il existe au Japon une grande tolérance religieuse. Nombreux sont ceux qui escaladent le Mont Fuji chaque année, mais tous n'empruntent pas le même chemin. Le Fujiyama a de nombreux versants et chacun les gravit pour une raison différente. Peu importe la voie choisie, tous les chemins mènent au sommet, à la même réalité finale. Qui peut nier que Jésus parlait de l'esprit de Dieu, que Buddha recevait la parole divine ? Tous les grands maîtres spirituels indiquèrent le chemin à suivre pour atteindre le sommet, la conscience universelle. Quel que soit le chemin l'aide d'un guide spirituel est indispensable.

Les philosophies de l'Esprit ne sont pas étudiées d'une manière intellectuelle mais sont intégrées à un mode de vie et mises en pratique dans la vie quotidienne. Au Japon, on peut naître Shinto, se marier à l'Eglise et être à sa mort porté à un temple bouddhiste. Ceci bien sûr n'est qu'une généralité, mais elle traduit bien cette attitude face aux croyances spirituelles. La santé ne dépend pas seulement de l'absorption et la digestion d'un seul type d'aliment et c'est ainsi que doit se comprendre l'étude de plusieurs disciplines spirituelles au cours d'une même vie. Mais on en revient toujours à la vison du *Kannagara,* fondement vital de la culture, profondément enraciné dans le subconscient collectif et nourrissant la tradition jcponaise.

Le *Kannagara* est une Voie de l'intuition

Le mouvement de KOSHI NAGE est celui des vagues se brisant sur les rochers.

KOSHI NAGE : le symbole vivant du Yin et du Yang.
Hiroshi Ikeda, shihan dai, nage.
Paul Blackwood-uke.

ne comportant ni lois écrites ni doctrines du bien et du mal. Il n'est régi que par les lois des phénomènes naturels. C'est un chemin de liberté suprême car pour qu'une action soit en harmonie avec la nature, elle doit jaillir spontanément tout en obéissant avec respect à la loi du Kami, Créateur et Origine de l'Univers : les montagnes, le vent, les rivières, les arbres sont des manifestations de sa Conscience et de son Amour infini.

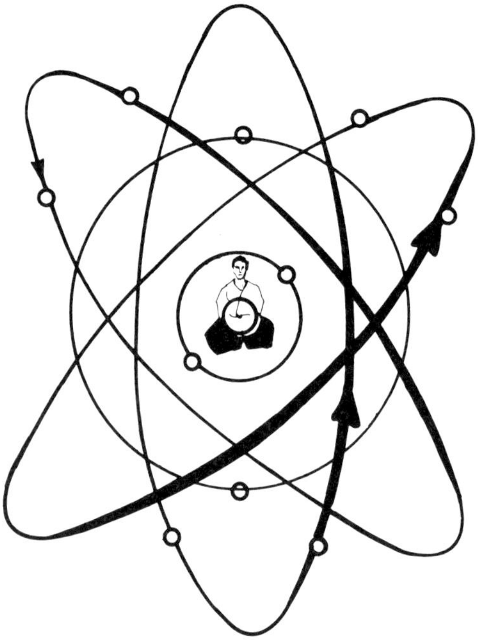

La notion d'un *Kami* à la fois multiple et unique peut sembler paradoxale et les esprits scientifiques admettront difficilement qu'il gouverne la Nature. Mais essayons de remplacer le *Kami* par les lois de la physique et celles qui régissent les phénomènes naturels, il apparaît clairement que l'Univers est un amalgame de phénomènes inter-dépendants : le *Kami* et les lois physiques ne peuvent exister séparément. Einstein mentionnait l'existence d'une Volonté suprême dans l'Univers que la science moderne ne pouvait mesurer et qui gouvernait les lois de la physique. Il se référait en fait à une Conscience Universelle. De plus en plus la science vérifie le fondement de la sagesse intuitive des philosophies orientales. Toute matière de l'Univers a la même composition, la même énergie, qu'il s'agisse du corps humain ou d'une montagne et la masse est l'expression physique de cette énergie formée de la fusion des atomes et des molécules. Les lois de l'univers ont fonctionné des milliards d'années avant l'apparition de l'homme sur terre et de ce fait on doit bien admettre que la science ne fait qu'analyser et utiliser ces lois universelles. Depuis toujours, les hommes ont appelé "Dieu" la force mystérieuse qui les contrôle. O Sensei la surnomma "La fonction miraculeuse du *Ki*". Il enseigna que l'Aïkido, issu d'une seule énergie créatrice est la voie menant à l'harmonie avec la Nature, qu'il est amour et protection de la Création.

Dans la chaleur de l'été, la rose dévoile lentement les secrets de sa beauté, mais où donc ce buisson, si dénudé en hiver, cachait-il toutes ses fleurs ? D'où viennent sa forme, sa couleur et son parfum si doux ? Quand il regardait une rose, O Sensei ne trouvait qu'une réponse à toutes ses questions : c'est l'amour de Dieu qui créa cette fleur, c'est cette même énergie qui parcourt l'Univers.

L'amour n'est pas une idée abstraite. Si l'amour nous quittait pendant une seule minute, la vie, l'air, l'eau, tout disparaîtrait. Il ne s'agit pas d'un amour sentimental mais de l'amour ordonné et vital de la Création.

L'amour universel embrasse toute la création. Son énergie remplit le vide qui sépare les étoiles et les atomes. Son souffle anime la matière.

L'harmonie des particules élémentaires est basée sur le concept d'amour. Les lois électromagnétiques ont structuré l'Univers et leur activité a déclenché au cœur de la matière le rythme parfait de la vibration cosmique. Cette onde des pôles, du *yin* et du *yang*, de l'électron et du proton, des forces centrifuges et centripètes ne sont que les deux facettes d'une même réalité. A l'intérieur de ce rythme infini, la créativité surgit et les opposés s'unissent. Le Créateur et la création ne font qu'un.

Le processus d'unification des contraires est le musubi. La fusion du *yang*, force centripète et du *yin*, force centrifuge crée l'équilibre parfait des galaxies. Le *Musubi* est aussi mouvement car sans mouvement, l'union est impossible. Il est symbolisé par la spirale recyclant constamment son énergie, processus sans commencement ni fin.

Notre jugement rationnel nous fait percevoir les extrêmes, les contraires comme des éléments conflictuels. Il ne s'agit là que d'une illusion : en effet, l'opposition du bonheur et du malheur, de l'amour et de la haine, de la moralité et de l'immoralité n'a qu'une valeur relative et subjective. La joie n'existe que par rapport à la tristesse et il n'y a pas de plaisir sans douleur. L'unité est en chaque chose et il serait absurde de porter un jugement moral : les contraires apparaissent comme l'expression dynamique du changement.

Toute activité est un processus de mutation, ou *musubi*, et la seule constante dans l'Univers est le changement. Tout se transforme à chaque instant : la nuit en jour, les neiges de l'hiver en fleurs printanières, la vie en mort, la mort en vie. Comprendre et accepter que le cycle de la vie est changement perpétuel, que rien n'est figé, est source de créativité.

MUSUBI

SATORI

Il est certes facile de parler d'harmonie, d'unité et des principes de musubi. Mais les mettre en pratique pour affronter la vie quotidienne requiert une confiance inébranlable. Nous avons beau savoir que le *musubi* renferme la vérité, dans une situation critique, confiance et logique nous font défaut. Les contraintes de la réalité font oublier idées généreuses et belles phrases. La philosophie exprime sa vérité à l'aide de mots, l'Aïkido révèle la sienne dans l'action. Cette application physique du principe du *musubi* développe une compréhension du cœur plutôt que de l'esprit. C'est à travers le *Keiko* et l'expérience, c'est-à-dire l'entraînement, que nous apprenons à mesurer sa puissance. *Keiko* signifie aussi réflexion et raffinement, retour aux sources, recherche de la réalité. Seule une étude critique du passé peut éclairer le présent et affiner l'esprit.

La connaissance de l'harmonie passe par l'expérience de conflit. Objectivement un conflit n'est ni bon ni mauvais : il est seulement le contraire de l'harmonie, un pont jeté vers la créativité. Nous devons remettre en question nos idées, arrondir les angles de nos tendances négatives afin que l'esprit de lutte devienne un esprit créateur et positif. L'entraînement d'Aïkido exerce une pression telle, qu'il ramène en surface cet esprit, le met à nu et l'affine. La découverte des limites de notre corps nous oblige à réfléchir sur la signification profonde des notions de conflit et d'harmonie, et à lutter pour atteindre un niveau de conscience dépassant l'ego.

Parvenir au *satori* signifie se rapprocher de Dieu, faire tomber les barrières qui nous séparent du monde naturel. Le *satori* vivant de l'Aïkido nous fait réaliser que notre vie et le fonctionnement de l'Univers ne font qu'un.

Le *satori* ne s'obtient pas en restant assis à méditer égoïstement. Il ne peut naître que d'un sentiment de gratitude envers le Créateur, d'un respect de toutes les formes de vie, d'un retour à la modestie. Le vrai *satori* consiste à oublier le *satori*, à chasser l'égoïsme. Nombreux sont ceux qui se méprennent sur la pratique du Zen. Ils s'imaginent qu'il suffit de méditer des heures entières pour devenir éclairé. Certes la position assise est un élément important de l'entraînement Zen, mais il est plus utile de comprendre la réalité de la sueur, du travail, du devoir. Dans le Zendo traditionnel une journée sans travail équivaut à une journée sans nourriture. Il arrive que la parole soit proscrite pendant une semaine, un mois, voire une année. Le silence allié à l'action nous enseigne à immobiliser l'esprit et regarder à l'intérieur de nous-mêmes. L'entraînement de "*nai kan gyo*" est une méditation visant à explorer notre conscience profonde et rejoindre l'esprit du Créateur. On peut dire encore que le satori consiste à développer l'esprit de Dieu à l'intérieur de chaque être et à accomplir ses fonctions à l'extérieur.

O Sensei jugeait que liberté est synonyme de responsabilité et qu'il faut vivre le moment présent. Il n'essaya jamais de finir les réalités du monde et méprisait ceux qui par lâcheté oublient la réalité, qui ne veulent pas regarder en face la douleur et les souffrances d'un enfant qui meurt de faim, ceux qui disent : "J'obtiendrai mon salut et je vivrai une vie meilleure dans l'au-delà". Cette attitude ne présente aucun respect pour Dieu. Oubliez

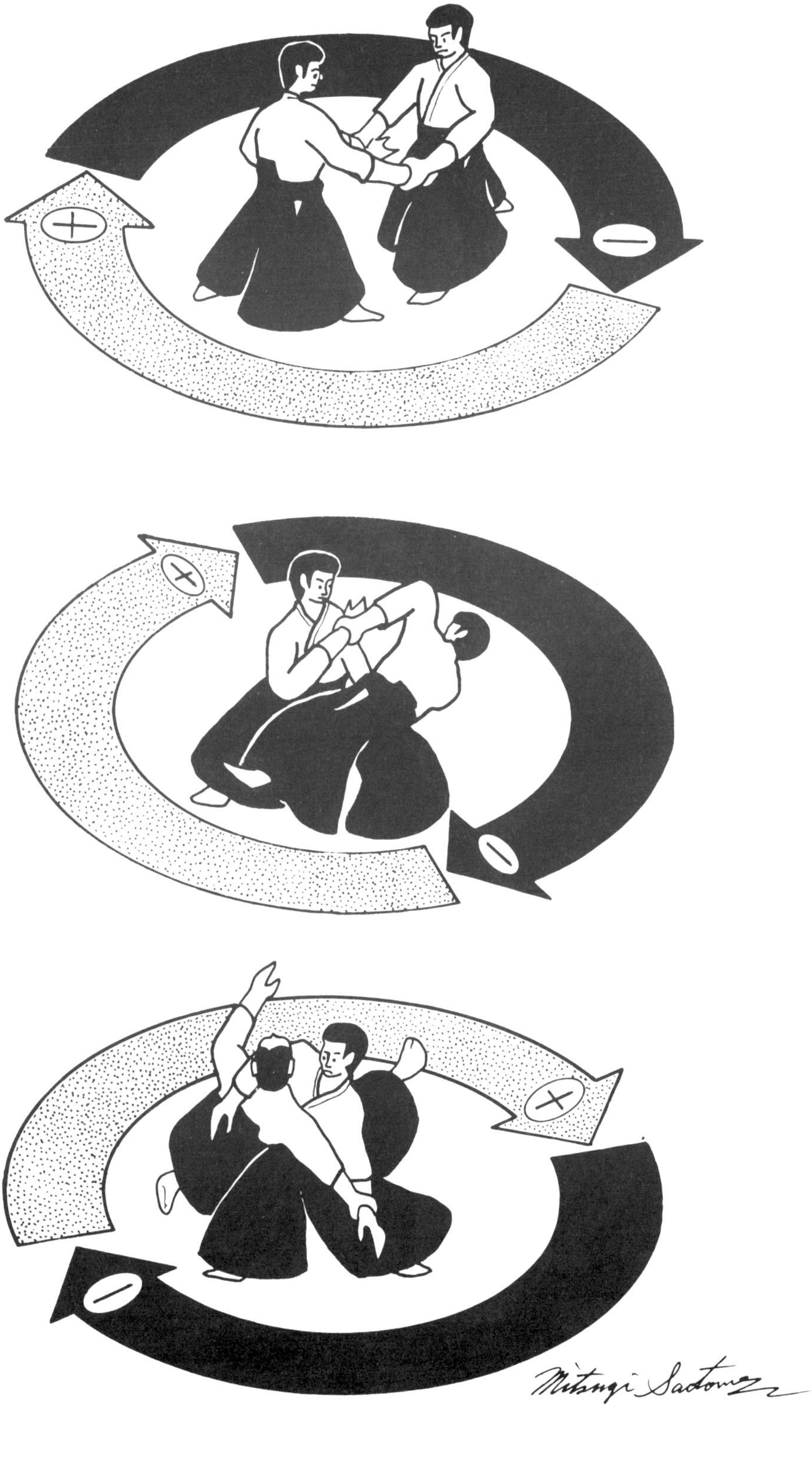

RYOTE DORI TENCHI NAGE signifie, projection ciel/terre et illustre le mouvement de l'onde bi-polaire, l'équilibre entre les forces centripètes et centrifuges.

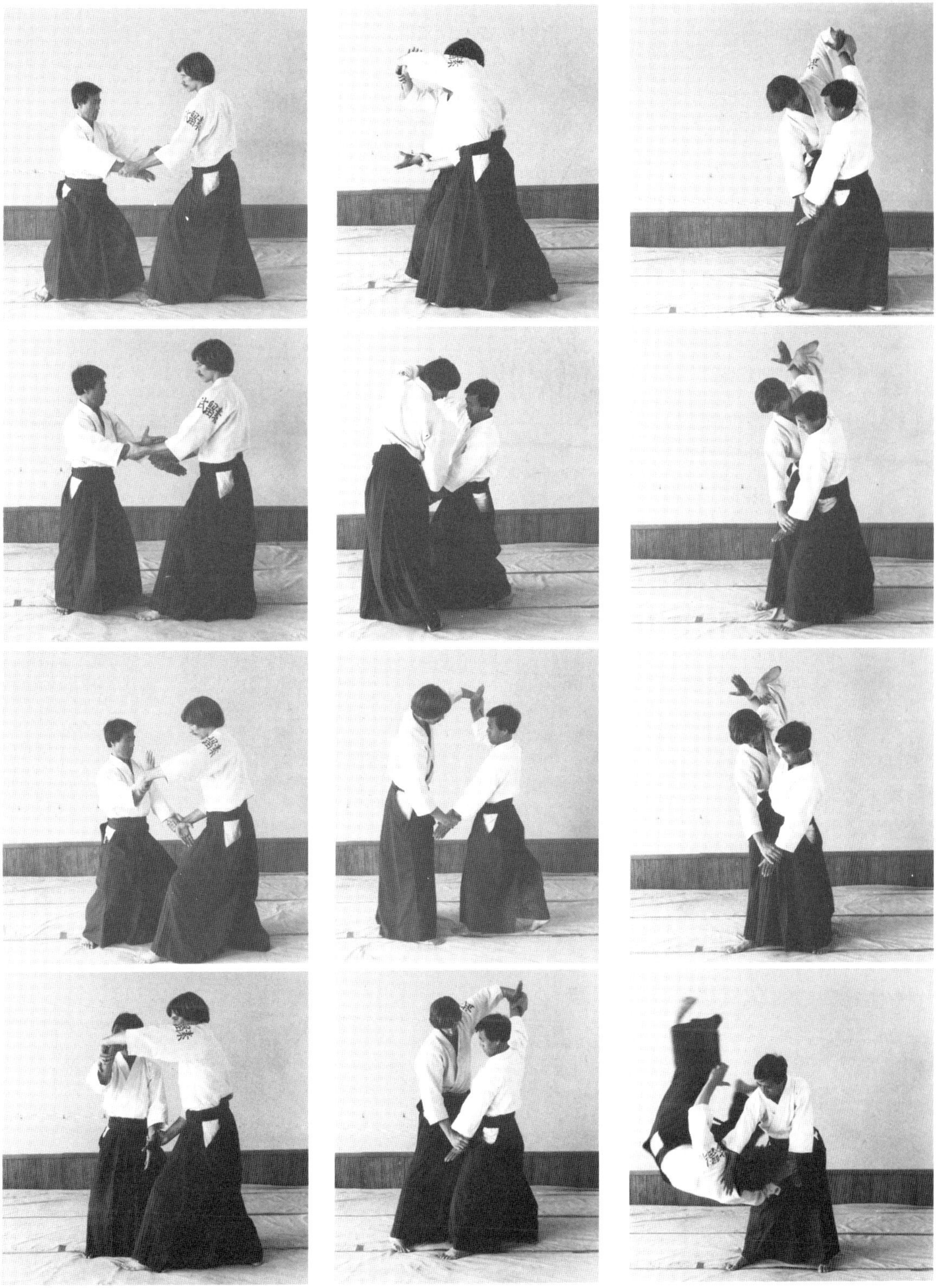

Bruce Merkle - Uke

le Karma, la vie de l'au-delà, le satori. Seul compte le moment présent. Nourrir un enfant qui a faim, donner à boire à un homme dont la langue est gonflée par la soif : voilà en quoi consiste le spirituel.

Au Japon on dit que la forme d'un lapin se dessine parfois à la surface de la lune. Cette croyance populaire provient d'un conte pour enfants : un vieux moine bouddhiste s'était retiré en haut de la montagne pour prier. Il était très aimé par les animaux de la montagne, et tous étaient ses compagnons. Mais les temps étaient durs, la nourriture se faisait rare et le vieux moine s'affaiblissait de jour en jour. Quand les animaux eurent vent de cette situation, ils puisèrent dans leurs maigres

réserves et parcoururent la montagne en quête de quelque chose à manger. Un jour, ils se réunirent à l'entrée de la grotte du vieux moine et y déposèrent ce qu'ils avaient trouvé. L'écureuil apporta des noisettes, l'ours des baies sauvages, le raton laveur un poisson du torrent. Tout le monde avait quelque chose à lui donner. Tout le monde sauf le lapin qui était très, très pauvre. Les animaux furent surpris et tous condamnèrent son égoisme. Mais imperturbable, le lapin alluma un grand feu et quand les flammes commencèrent de lécher le ciel, il se tourna vers le moine et dit : "Excuse-moi mais je suis très pauvre. Je n'ai pas apporté de nourriture. Je t'offre ma chair, mange-la, je t'en prie". Et avant qu'on puisse l'arrêter, il sauta dans le feu. Lequel de ces animaux manifesta-t-il le plus d'amour, fit-il le sacrifice le plus grand ? Ce conte illustre bien l'esprit du vrai *samouraï*. O Sensei était un grand *samouraï*, une montagne et non un nuage. Son idéal philosophique s'élançait très haut vers le ciel mais ses racines profondes puisaient dans la réalité.

Le Paradis et l'Enfer n'appartiennent pas à l'au-delà : nous les créons nous-même avec nos actions, nos pensées et nos paroles. Un des symboles spirituels de la religion Shinto est le miroir : le visage qu'il nous renvoie reflète notre propre réalité. Si le visage est souriant, Dieu est heureux et rempli d'amour. Mais si le miroir réfléchit la tristesse ou la haine, c'est l'Enfer qui nous regarde en face. Les attitudes sont un reflet de l'âme pour atteindre la vérité et aider la société.

Le feu et l'eau créèrent la terre et c'est aussi le feu et l'eau qui la nettoient. Les phénomènes naturels, pluie, vent et neige purifient la terre et son atmosphère. Son équilibre interne est maintenu par les volcans et les tremblements de terre. Notre corps aussi est drainé de ces impuretés : les symptômes de la maladie, fièvre, inflammation et transpiration sont les réactions naturelles d'élimination qui rétablissent ainsi l'équilibre. L'épuration est une fonction essentielle dans l'ordre naturel. Le monde de l'esprit et le monde de la matière sont deux aspects de la même réalité, l'un influant sur l'autre. Pour vivre l'expérience satori, il nous faut suivre les lois de la nature et purifier corps, cœur et âme, ainsi que tout ce qui nous entoure. La toilette constitue une forme de prière active. Le corps est nettoyé, les toxines sont chassées grâce à la circulation du sang, l'action des intestins, l'hygiène alimentaire, le sommeil et une activité physique intense. L'environnement doit être propre, ordonné, dégagé des vibrations et des actions négatives. Ouvrons-nous à la présence divine, laissons-nous porter par l'océan de la vie, une paix intérieure s'installera dans nos cœurs.

Les nombreuses cérémonies et techniques de purification s'appellent *misogi*. *Misogi* signifie dégager l'enveloppe extérieure, l'ôter et la nettoyer. Les yeux fermés, vous ne verrez pas la lumière. Avec des gants, vous ne sentirez pas la terre. Le *Misogi* nettoie, polit : il ouvre les yeux et enlève les gants. Le jeûne, la méditation, la prière et le *keiko* sont des actes de misogi. Le chemin de l'Aïkido est celui du *shugyo*, de la lutte quotidienne, de l'apprentissage qui améliore la qualité de l'existence.

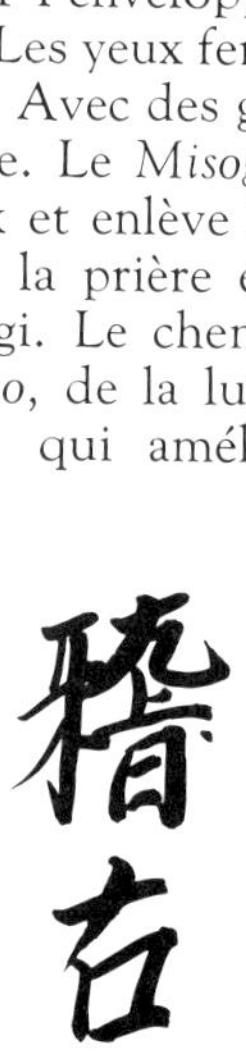

KEIKO

Symbole du créateur (centre) de l'Univers.

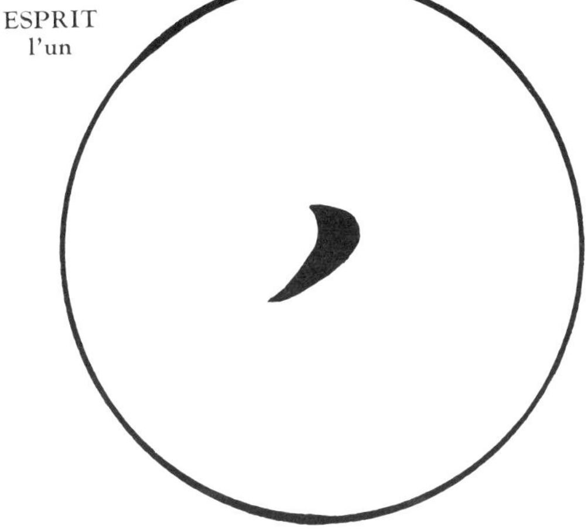

Ame nominaka Nushi no okami.
Ceci est le symbole pour le son "SU",
le commencement du Kotodama.

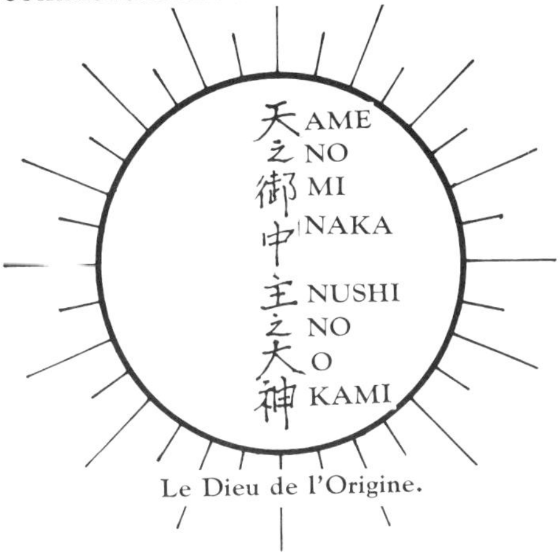

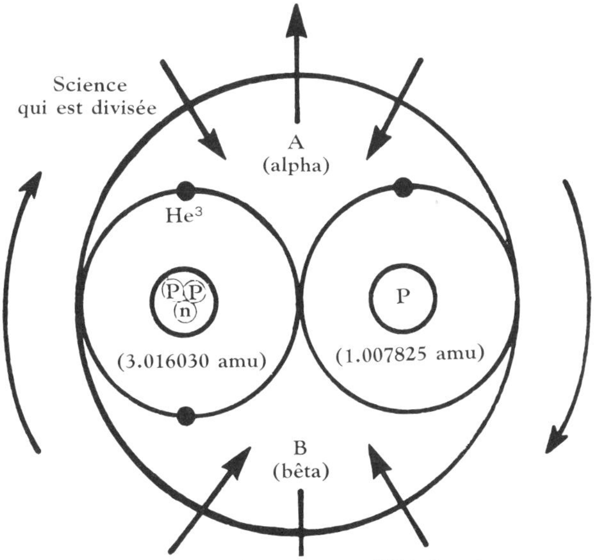

Interaction entre les atomes d'Hydrogène et d'Hélium aux premiers stades de la construction Universelle.

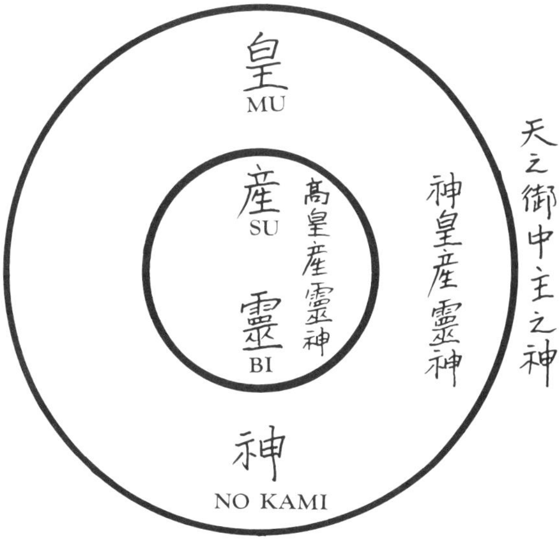

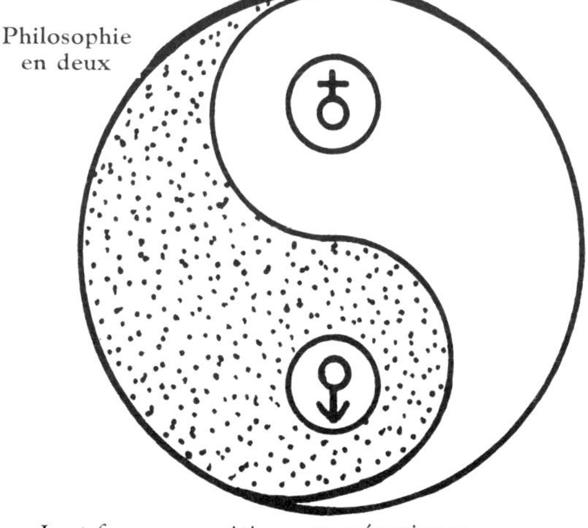

Les forces positives et négatives;
le Yin et le Yang. Les deux visages de Dieu.

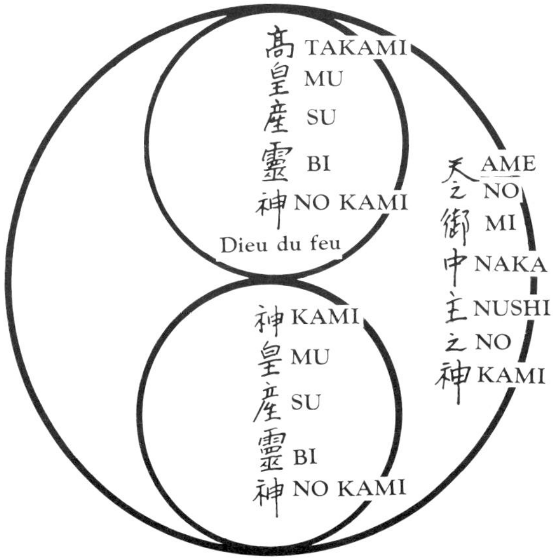

Dieu de l'eau

Issu de l'Etre Unique qui se divise en deux, l'adepte du *Kannagara* est convaincu que l'humanité descend directement des Dieux. Le monde forme une grande famille. L'homme et la femme créés par les Dieux à partir de leur substance descendent d'une lignée de *Kami* qui commença dans le monde spirituel de l'énergie et se prolongea dans le monde de la matière. Nés du *Kami*, nous retournons au *Kami* à notre mort, le corps n'étant que la demeure éphémère abritant l'esprit du *Kami* dans le monde matériel. Cette idée s'exprime dans le *Kanji* représentant la personne ou "*hito*" qui signifie : "contenir la lumière divine". On la retrouve dans le kanji *iki-miya*, le corps, dont la traduction littérale est "temple vivant". L'amour est comme un morceau de métal aimanté : il magnétise toutes les cellules, tous les atomes du corps humain et la lumière du *Kami* y apparaît.

Polir et affiner l'esprit afin que le monde qui nous entoure soit plus transparent et protéger la création, est la responsabilité de l'humanité toute entière. Le mot *Reigi* se traduit souvent par courtoisie ou étiquette mais il a un sens beaucoup plus riche : *Rei*, signifie Saint Esprit et *gi*, manifestation. Saluer c'est reconnaître l'esprit du *Kami* qui habite chaque être, reconnaître, que nos corps sont différents mais que notre esprit est le même. Nos tâches, nos fonctions sont variées mais nous partageons envers Dieu la même responsabilité, responsabilité que l'adepte du *Kannagara* accepte avec joie et reconnaissance.

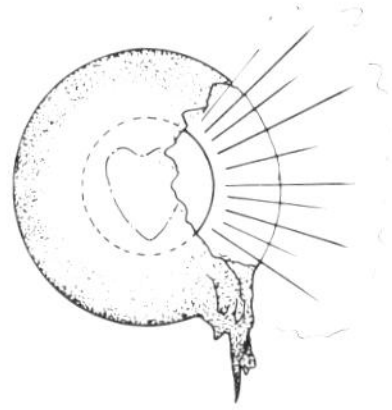

BAN YU AI GO est la mission de l'Aïkido, aimer et protéger toute chose. AI est l'amour. Ce n'est pas un amour faible et sentimental, mais un amour puissant et universel.

 La Mission de l'Aïkido suit la Voie absolue de l'Amour Universel.

L'HARMONIE DE L'AMOUR

Conférence donnée par le Fondateur

L'Aïkido n'est rien d'autre qu'une manifestation de l'amour. L'Univers, créé par l'amour, contient la force infinie qui permet à tout ce qu'il a semé de croître et prospérer. J'ai donné le nom d'Aiki aux nombreuses lois de l'Univers, produits de l'amour qui tissent cette merveilleuse toile qu'est la vie sur terre. La tâche de l'Aïkido est de remplir une mission de compassion, de protéger toutes les formes de vie et de veiller à leur épanouissement.

L'Esprit infini, et l'Amour sont les sources de la vie. L'Aïkido est aussi une source, un chemin menant à l'harmonie de l'homme avec l'Univers. En suivant le principe d'Aiki d'union avec le Kami, et en ramenant l'humanité à la Nature, nous participerons à cette recherche infinie de la perfection, nous mettrons fin au mal, à la souffrance : c'est la mission vitale que nous confie l'Univers.

Les formes cosmiques apparaissent dans le corps humain. Nous devons apprendre à découvrir l'univers qui est en nous et y voir les principes sacrés d'équilibre et d'amour. L'Univers fabrique constamment une mosaïque de formes : chacune est une manifestation de sa plénitude, chacune est en équilibre parfait avec toutes les autres. De même que l'Univers exprime l'Amour de nombreuses manières, nous devons exprimer l'équilibre et l'harmonie dynamique de l'Univers à travers nos relations. L'Univers pourra ainsi pénétrer le corps et l'esprit et les nourrir d'une force véritable.

Toute chose dans l'Univers provient d'une seule et même source. Toute chose sur terre est l'expression de l'Amour universel. Le cœur de l'Univers bat en harmonie avec la Création et respecte sa grandeur. Efforçons-nous de comprendre le rythme de ce battement qui nous apporte harmonie et équilibre. La mission de l'Aïkido suit le même chemin d'amour universel. Son enseignement est celui du Kami, ses principes, les lois naturelles qui engendrèrent tous les éléments de la vie sur terre. Il a pour fonction de se joindre au cœur de l'Univers et de donner l'amour.

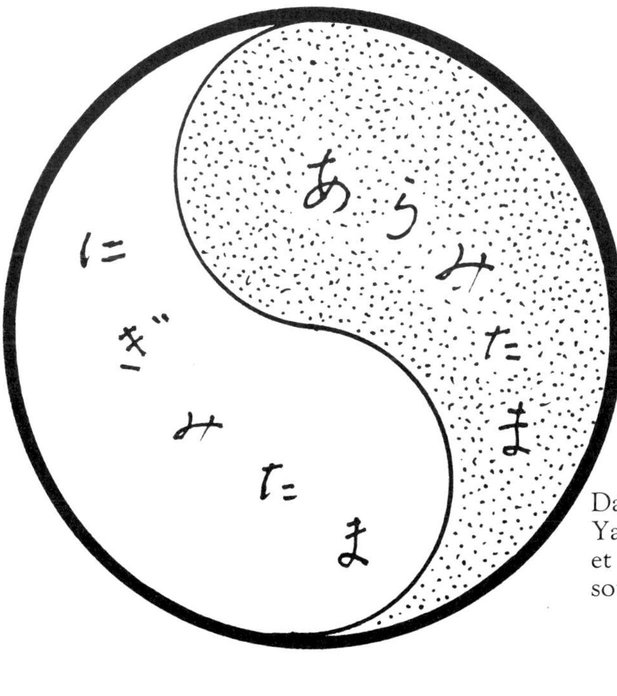

Dans Kannagara, les équivalents du Yin et du Yang sont Aramitama, l'esprit de la fermeté et de la force, et Nigimitama, l'esprit de la souplesse et de la douceur.

KAMI NO HIKARI. La lumière de Dieu.

CHAPITRE III

LA NAISSANCE DE L'UNIVERS

O Sensei a dit : "Si vous voulez étudier l'Aïkido, étudiez l'origine et le fonctionnement de l'univers, les principes des forces qui lui donnèrent naissance, les échanges d'énergie, le mouvement des galaxies. Tous ces éléments font partie de la loi universelle. Les réactions nucléaires, le courant électro-magnétique, la force gravitationnelle, tous sont des principes d'Aïkido et la base de la technique".

L'univers n'est pas né du mouvement. Il n'était qu'un immense nuage de gaz et de poussière suspendu aux ténèbres. Cà et là des échanges se produisaient au hasard entre deux particules mais c'est une vibration qui déclencha l'énergie, provoqua la collision des protons et leur fusion en atomes. Cette formidable onde d'énergie déchira l'obscurité et amorça un processus infini destiné à se poursuivre pendant des milliards d'années. Il y eut donc d'abord vibration, puis vint la lumuière. Cette lumière, après avoir fait exploser le mouvement chaotique des particules atomiques, commença à l'ordonner. Une gigantesque vague d'énergie libéra une chaleur prodigieuse et cette accumulation donna naissance aux étoiles et aux galaxies. Un souffle créature, parcourant les forces centripètes et centrifuges anima ce plasma universel. Happées par la force de gravité, les galaxies, les étoiles et les planètes commencèrent à décrire leur trajectoire dans le vide. Le *Ki* provient de cette énergie créatrice.

Bien que l'univers change constamment, nous assistons encore aujourd'hui à des phénomènes très semblables à ceux qui se produisirent lors de sa création. Les amas de gaz et de poussière qui nous cachent les étoiles les plus lointaines ont toujours existé et existaient avant la création. Seuls l'hydrogène et l'hélium constituèrent la matière qui forma la première génération d'étoiles. Ces deux éléments, après d'innonbrables combinaisons et réactions nucléaires, libérèrent une matière plus riche, chargée en éléments plus lourds : carbone, oxygène, magnesium, calcium, fer, qui allaient permettre l'évolution de la vie sur terre. Cette matière, flottant parmi les étoiles, fut à l'origine de la deuxième génération d'étoiles.

Les trous noirs sont des vides laissés après l'explosion des étoiles, contenant les vestiges de leur énergie, et qui avec leur gravitation aspirent la matière environnante. Toute la matière, toute la radiation étaient concentrés dans une sphère très semblable, à laquelle elles ne pouvaient échapper. Des savants émettent l'hypothèse que l'univers embryonnaire qui était une boule de gaz condensés, explosa il y a quelque quinze milliards d'années. L'énergie de la lumière ainsi libérée entraîna son expansion. Notre univers ne cesse de s'agrandir et les galaxies s'éloignent à des vitesses vertigineuses. Mais l'expansion se ralentit progressivement, freinée par la force gravitationnelle et contrôlant ainsi les galaxies. L'univers n'est donc pas infini et aucune matière nouvelle n'est en train de se former spontanément. Cette capsule quadri dimensionnelle du temps et de l'espace atteindra son maximum puis se rétrécira, réduisant énergie et matière à cette boule de feu originelle.

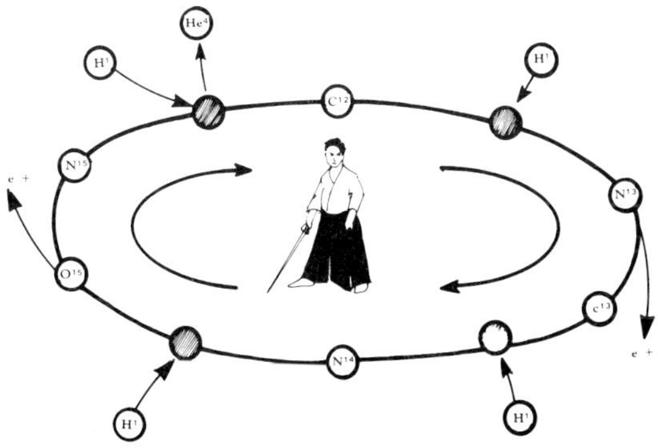

Le cycle Carbone-Nitrogène et Oxygène de la production d'énergie nucléaire à hautes températures dans les étoiles.

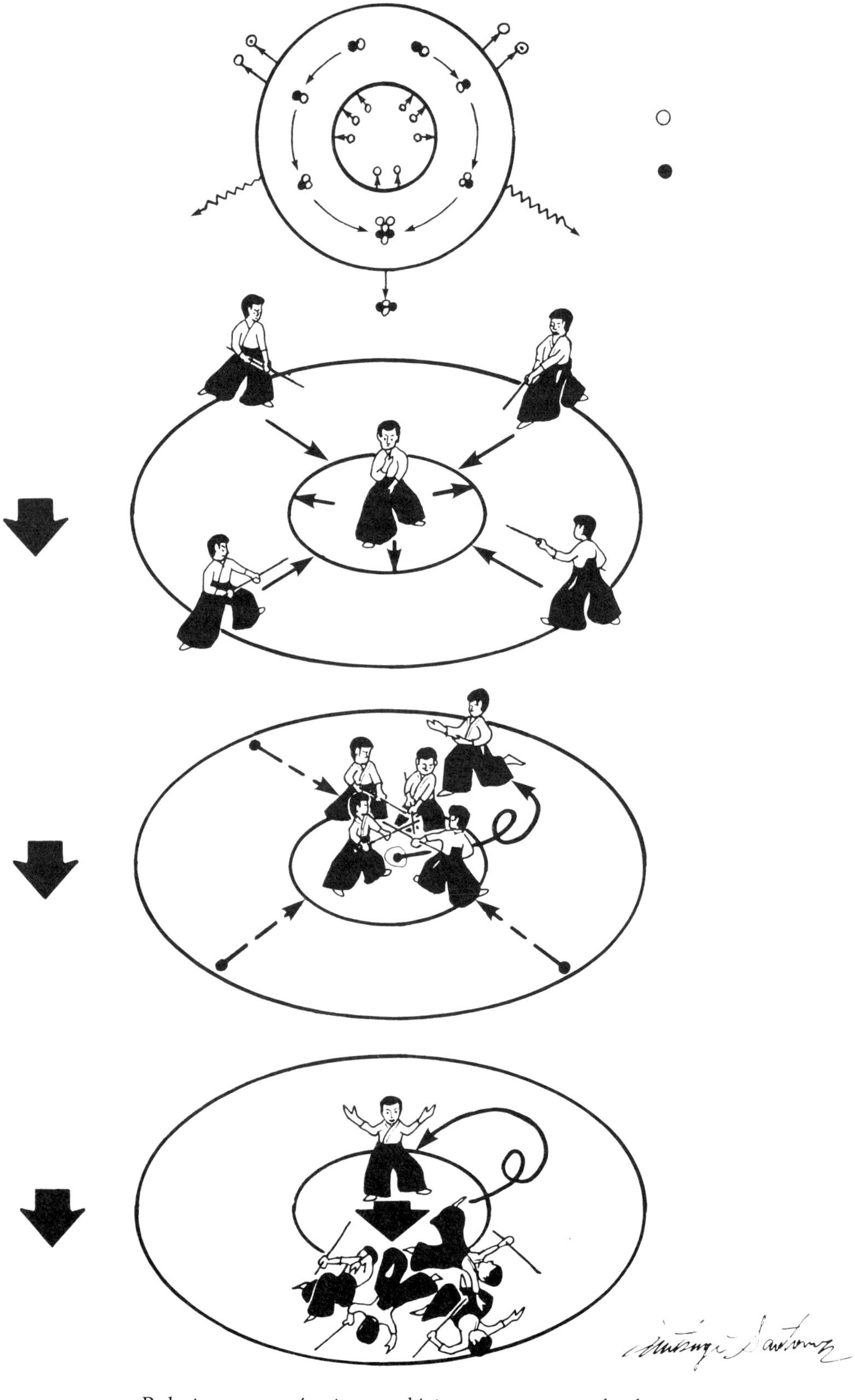

Relation entre réaction nucléaire et attaque multiples.

Dans cet enchaînement, le NAGE s'empare d'une des armes et s'en sert contre le dernier attaquant.

Ken NISSON et Ellis AMDUR - UKE *Photos : Karl SHIRAISHI.*

Le mouvement d'une comète et RYOTE MOCHI KOKYU NAGE.

Kevin CHOATE - UKE.

Au commencement de l'Univers, la température était si élevée que la fusion des atomes ne pouvait se produire. C'est la force de gravité qui maintenait cette matière en un univers compact. Puis ce fut l'explosion et l'énergie se libéra sous forme de lumière et de radiation. Avec l'expansion de la boule de feu, la matière existante fut dissoute peu à peu, comme du sel dans de l'eau. Les particules élémentaires étaient constamment créées et détruites, formant et annihilant neutrons, protons et électrons. La force nucléaire prit rapidement le dessus. Cette chaleur intense étant utilisée pour fournir l'énergie nécessaire à l'expansion, la température de l'Univers s'abaissa. Peu après l'explosion, la température descendue à quelques millions de degrés permit la fusion des protons et des neutrons.

La matière, jusque-là répandue uniformément dans l'espace, commença à se fractionner. Sous l'effet de leur propre gravitation, les nquvelles masses de matière s'isolèrent et se condensèrent pour donner naissance à des masses de poussière et de gaz. Leur composition chimique était de l'hydrogène et aussi une fraction d'hélium à partir desquels se formèrent les étoiles primaires.

Ce n'est que plus de deux cents millions d'années après la formation de ces nuages gazeux que l'expansion se ralentit suffisamment pour permettre à la force gravitationnelle de donner une structure à ces amas : les galaxies se formèrent et la masse de ces objets était d'environ 10^{10} masses solaires. Dans cet univers encore jeune, les galaxies étaient concentrées mais sous l'effet de leur champ gravitationnel, elles commencèrent à tourner sur elles-mêmes et c'est leur masse et leur vitesse de rotation qui leur donnèrent une forme de type spiral ou elliptique.

De cette galaxie, des trainées de gaz s'échappèrent pour former des turbulences ou bras galactiques à la périphérie. Condensés par le champ gravitationnel et magnétique, ces tourbillons attirèrent gaz et poussière et devinrent plus denses que la galaxie elle-même. La force de gravitation de la protogalaxie les entraîna vers le centre, produisant une accélération et une condensation. Traversant le centre, ils furent ensuite renvoyés à la périphérie et ainsi de suite jusqu'à ce que la friction des gaz avoisinnants les freine, provoquant ainsi leur stabilisation en orbite près du centre. Les proto-étoiles se condensèrent sous l'effet de leur champ gravitationnel et des séquences de fusion s'amorcèrent. Les réactions thermonucléaires entraînèrent l'émission de photons : les premières étoiles commencèrent à briller.

Des centaines de millions d'années après l'explosion, l'Univers fut éclairé par des millions d'étoiles et de nébuleuses et nous le percevons actuellement tel qu'il était alors. Mais les étoiles évoluent constamment et traversent différents cycles. Après une phase initiale de contraction, une étoile passe par des séquences de fusion thermo-nucléaire et transforme l'hydrogène et l'hélium en éléments plus lourds. Plus la masse de l'étoile est importante, plus la réaction et la vitesse de fusion sont considérables. Lorsqu'elle a épuisé ses réserves de carburant nucléaire, elle ne peut remplacer cette énergie et sa mort est inévitable. Sa température s'abaissant, elle ne peut compter que sur sa force gravitationnelle, entraînant une série de contractions accélérées et l'écroulement ou l'implosion. La mort d'une étoile peut revêtir plusieurs formes : elle peut exploser et donner naissance à une étoile géante ou supernova, des milliers de fois plus brillante, et volatiliser ses couches superficielles. Elle peut aussi devenir une "naine blanche", cadavre d'étoile, témoin d'une grandeur révolue, consumée par sa propre force gravitationnelle, ou bien disparaître dans le vide interstellaire. Quelle que soit sa destinée, l'astre qui offrait un spectacle grandiose rejoint le silence éternel de sa tombe céleste.

La technique de l'Aïkido obéit aux mêmes lois. Comme toute création, elle doit naître d'une pureté physique : absence de forme, de temps, d'espace. Comme l'Univers, elle n'émane pas du mouvement mais de la vibration. Ouverture, souplesse et mobilité sont essentielles et seule une surface parfaitement lisse et brillante faisant vibrer l'espace pourra refléchir et capter l'esprit de l'adversaire. Ce miroir ne doit être terni par aucune pensée, par aucun jugement, car il renvoit les vibrations des deux partenaires. L'écho du souffle spirituel, de contraction et d'expansion, l'échange des vibrations et de l'énergie produisent les conditions propices à l'ordre et à l'harmonie. En une fraction de seconde, esprit et corps doivent fusionner et répondre à la vibration de l'ennemi.

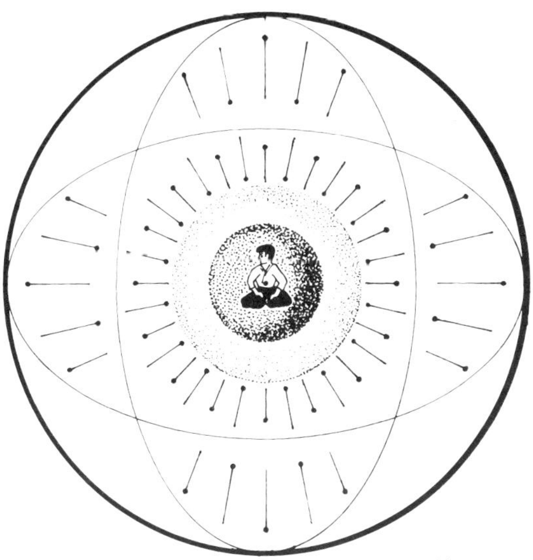

L'écho de la vibration spirituelle.

O Sensei savait apprécier l'harmonie et la puissance de ce mouvement naturel et il comprenait les processus de la création. L'harmonie et la justice furent créées par l'Aïkido comme la lumière fut créée à partir des ténèbres. Tout mouvement doit incarner les principes spirituels.

"*Katsu hayabi* : en un instant, je perçois et comprends l'esprit de l'ennemi. Il n'y a ni temps, ni espace, il n'y a que l'Univers." (Morihei Ueshiba). C'est cet instant d'explosion de l'énergie spirituelle qui symbolise les lois physiques du mouvement universel. Le ki devient une réalité tangible revêtant la forme de la spirale, forme originelle et dynamique de la création et dont le mouvement apparut pour la première fois dans la vibration électro-magnétique de la lumière. Cette forme hélicoïdale se retrouve dans tous les phénomènes naturels : rotation de la terre autour du soleil, orbite du soleil dans la galaxie, influence de la lune sur les marées et les saisons. Elle est inhérente au processus d'évolution et aux cycles de la nature. On rencontre aussi la spirale hélicoïdale dans la structure des amino-acides et les protéines qui résultent de leur combinaison. Dans chaque noyau, il existe le matériel génétique capable de se reproduire, la molécule d'ADN. Depuis la circulation du sang jusqu'à la manière dont une taupe creuse son terrier, la forme de la spirale est omniprésente dans les schémas dynamiques et structurels du monde qui nous entoure. Le vent soulève la poudreuse du flanc de la montagne en formant des tourbillons. La feuille morte ride la surface d'un étang en décrivant des cercles. La pression atmosphérique déchaîne des océans et libère des ouragans.

KATSU HAYABI

Signature du Fondateur

Quand l'ennemi attaque, affrontez-le avec confiance et lucidité. Attirez-le vers votre centre et recréez la dynamique et la puissance du mouvement galactique. Le corps peut créer la gravité, le vide, s'entourer d'un champ d'énergie magnétique. Tout ceci n'est possible que grâce à une connaissance approfondie des principes de l'équilibre, des réactions énergétiques, et des lois universelles. Le timing, c'est-à-dire l'appréciation du temps de réaction, et le contrôle, ne s'obtiennent qu'avec un entraînement constant.

Structure dynamique de la spirale et son application dans la technique de NIKYO.

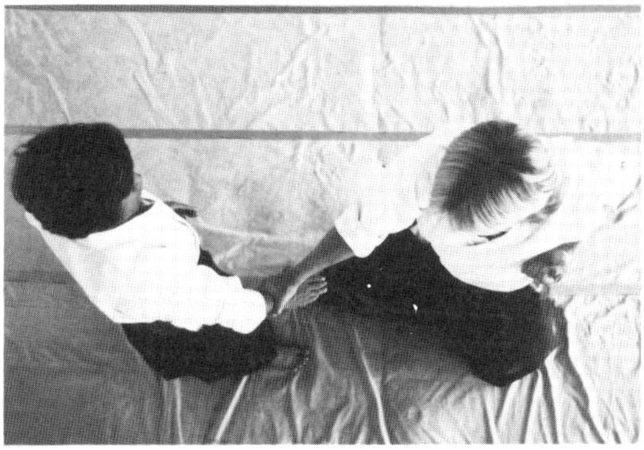

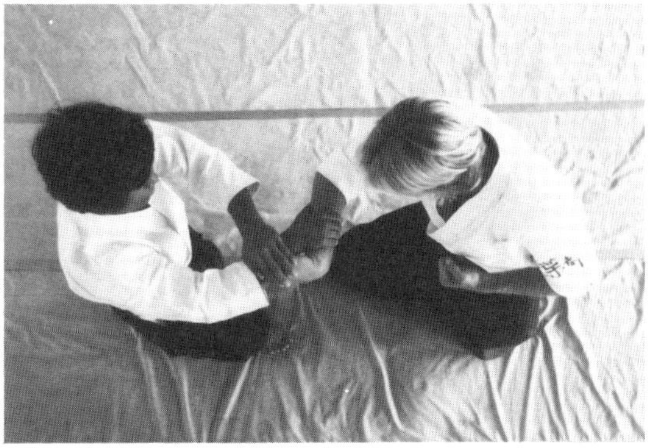

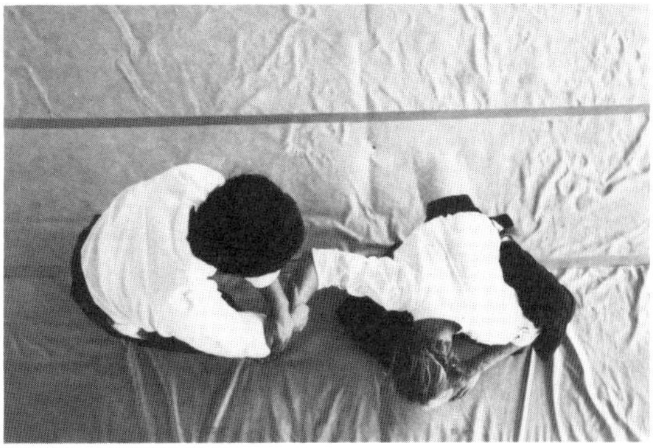

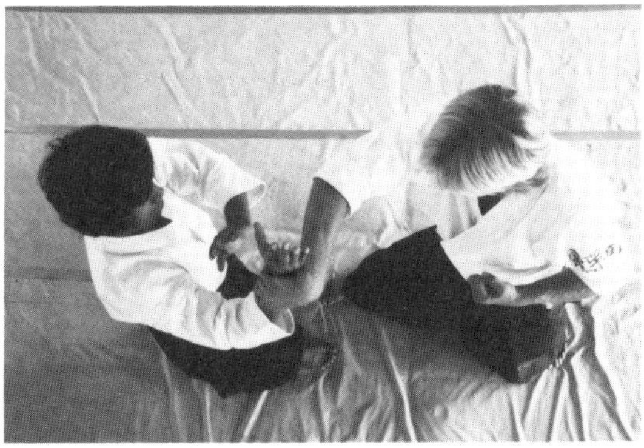

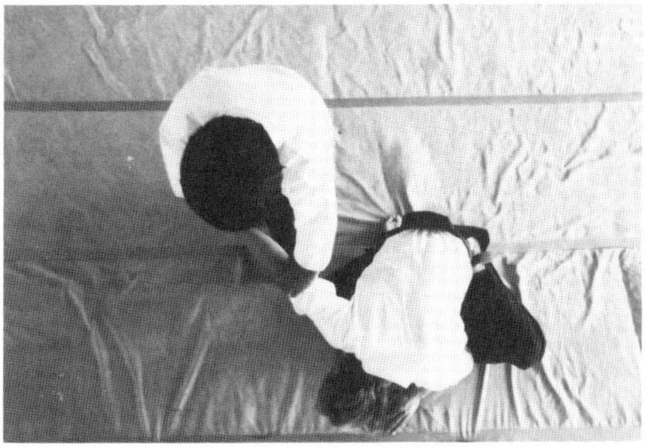

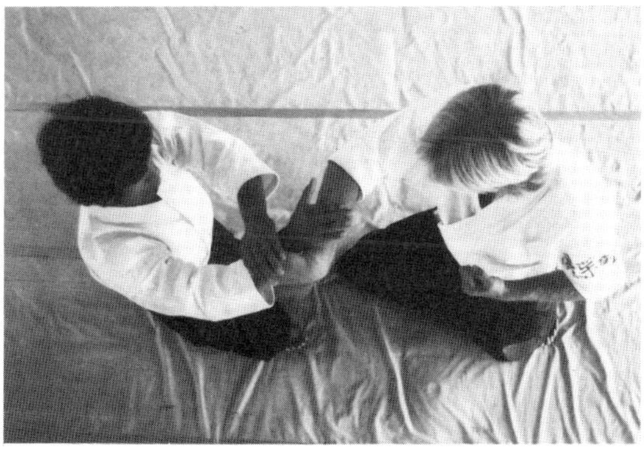

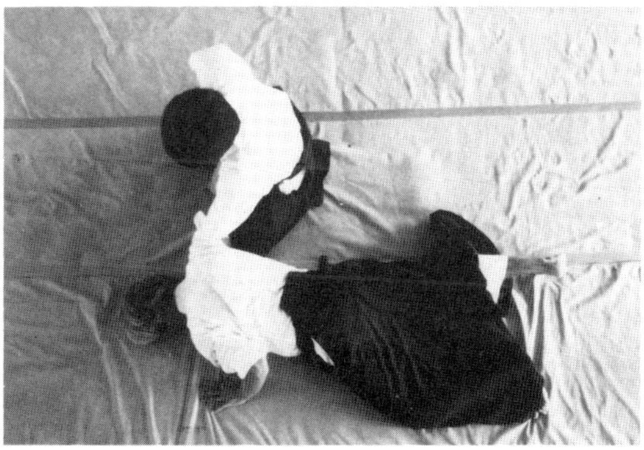

Robert Moller - UKE

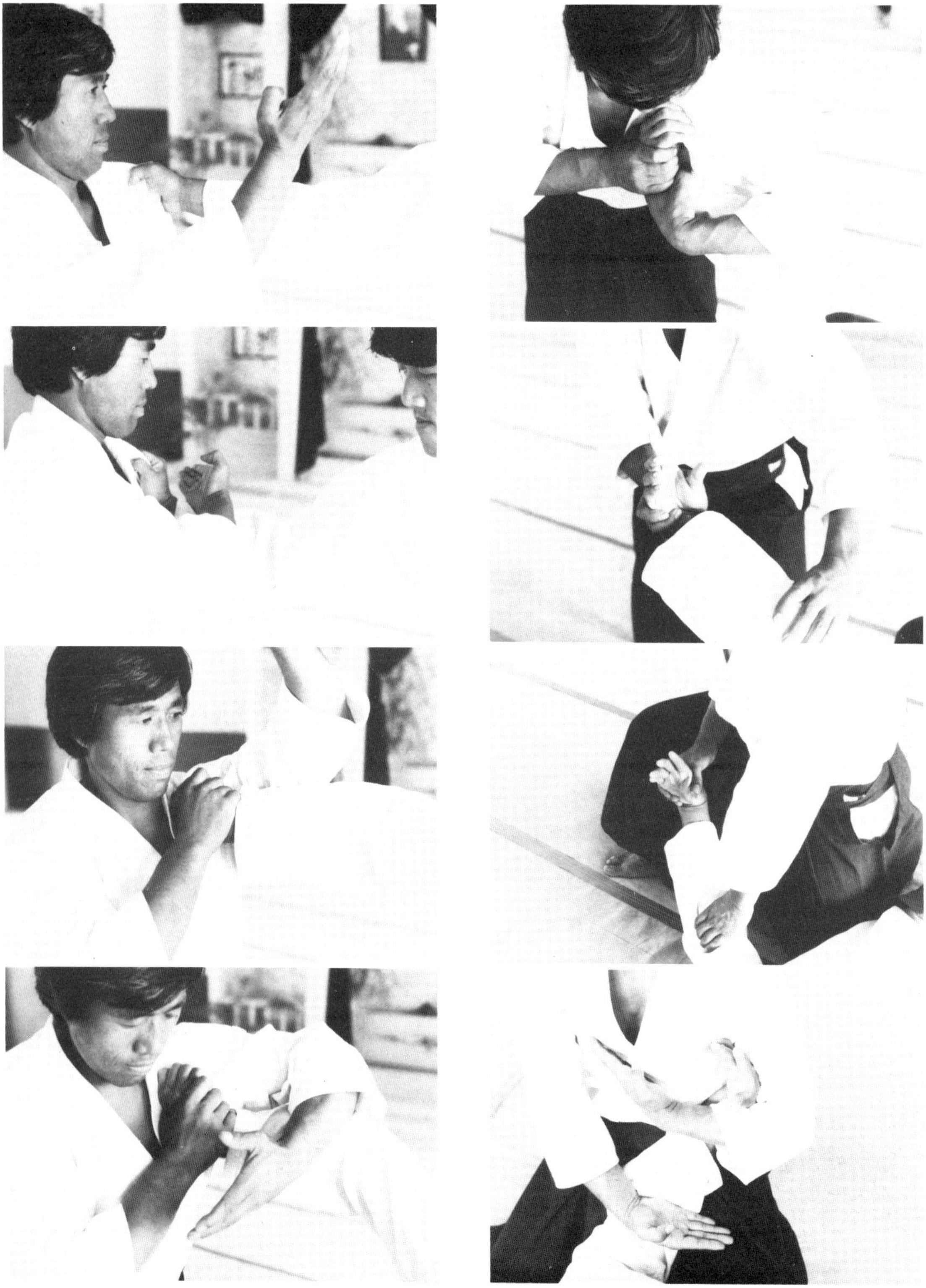

KATA DORI NIKYO

Hiroshi Ikeda Shihan Dai - UKE

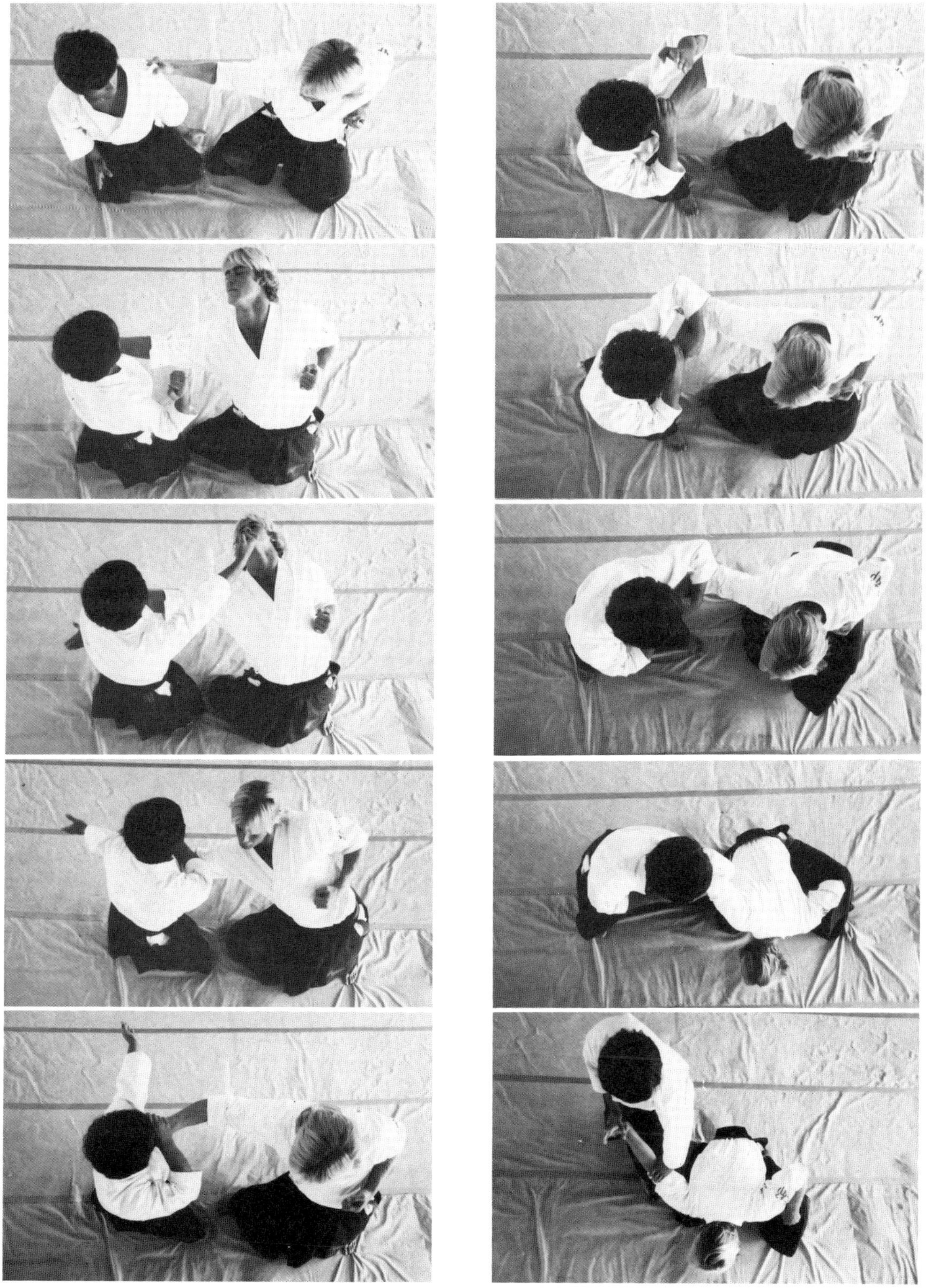

KATA DORI NIKYO

Robert Moller - UKE

La terre tournant autour du soleil, le soleil se déplaçant dans la galaxie.
La forme de la spirale est évidente dans les mouvements naturels du monde qui nous entoure.

YOKOMENUCHI KAITEN NAGE

Bruce Merkle - UKE

Mouvement d'IRIMI d'O Sensei, 3 ans avant sa mort. M. *SAOTOME - UKE*

C'est en accomplissant le travail d'*ukemi* chaque jour avec O Sensei que j'ai commencé à entrevoir la relation existant entre les mouvements d'Aïkido et ceux de l'univers. Ces entraînements restent gravés dans ma mémoire et chaque fibre de mon être vibre encore de son incroyable puissance. Il ne s'agit pas de souvenirs se limitant à une sphère intellectuelle mais imprégnant le corps tout entier de sensations et d'émotions difficiles à expliquer.

A un enfant qui n'a jamais mangé de sucre et qui vous demande quel goût il a, vous pouvez répondre qu'il est sucré. Mais que direz-vous lorsqu'il vous demandera d'expliquer ce que sucré signifie ? Comment le langage peut-il rendre compte d'un goût ? Chacun réagit différemment suivant son expérience, sa connaissance et sa personnalité.

Ce n'est pas avec le regard trouble du mystique que je vous demande de juger l'expérience que je vais décrire, mais avec la vision claire de celui qui recherche la vérité. Je vais donc essayer de traduire et raconter ce souvenir, si changeant et si enrichissant qui a été et demeure encore un élément vital dans ma recherche de l'*Aiki*.

O Sensei montrait une technique et en tant qu'*uke*, je l'attaquai de toutes mes forces, ne pensant qu'à le foudroyer. Son *Kiai* fit trembler les murs du *dojo* et mon corps était prisonnier de son écho. J'avais devant moi un ouragan et les vents violents d'un typhon s'abattaient sur moi. Sa force de gravité puisée dans les énergies cosmiques m'absorba dans le vide d'un trou noir auquel je ne pouvais échapper. Une bombe explosait en moi, et tout n'était que lumière aveuglante : l'Univers se dilatait, et je ne voyais ni ne sentais mon corps, la seule vérité étant cette formidable énergie qui le traversait. Pour ceux qui regardaient la scène, tout se passa en une fraction de seconde, mais pour moi, le temps s'était arrêté. Plus rien n'existait, ni temps, ni espace son, couleur, mais le silence était plus assourdissant que le *kiai* qu'il avait émis. J'étais la lumière, et mon esprit fut inondé de clarté et de lucidité. Puis je perdis connaissance, et lorsque mon corps entra en contact avec le *tatami*, je revins à moi.

Aujourd'hui encore, je ne comprends pas tout à fait ce phénomène. Je me remémore souvent ces cours jusque dans les moindres détails. Parfois, je suis aveuglé par la lumière, ou bien plongé dans le noir absolu, de même qu'un morceau de glace devient brûlant tant il est froid. Ma vision de la lumière et de l'obscurité a peut-être changé, mais le souvenir reste intact.

Il m'arrivait souvent de servir d'uke au premier cours du matin et d'être projeté à plus de dix mètres par O Sensei. Je passais le restant de la journée à assouplir ma colonne vertébrale, raidie par les chutes du matin. Je ressentais cependant un bien-être physique et moral : mon esprit était clair et léger, purgé de ses démons.

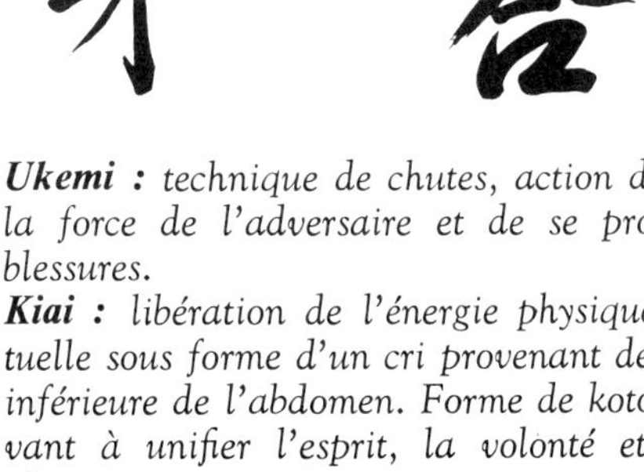

Ukemi : *technique de chutes, action de recevoir la force de l'adversaire et de se protéger des blessures.*
Kiai : *libération de l'énergie physique et spirituelle sous forme d'un cri provenant de la partie inférieure de l'abdomen. Forme de kototama servant à unifier l'esprit, la volonté et la force physique.*

La force négative à laquelle on s'unit et que l'on redirige
SHOMEN UCHI IRIMI NAGE.

Bruce Merkle - UKE.

O Sensei enseigna que les principes de la véritable harmonie de l'Aïkido s'obtiennent en mettant en pratique les lois de la gravité. Il est une chose à laquelle on ne peut échapper : la gravitation. Rien ne peut l'arrêter. Elle contrôle aussi bien l'énergie que la matière : son attraction ralentit le temps et déforme l'espace. C'est elle qui organise et rend possible les réactions nucléaires et électromagnétiques, qui créé l'ordre à partir du chaos en structurant galaxies, étoiles et planètes.

 "Je ne suis pas un homme, je suis l'Univers en personne". Morihei UESHIBA

Dieu est feu, eau, lumière et air. Il est la force centrifuge et centripète, le *yin* et le *yang*. Il est mouvement et unité. Des origines à nos jours, l'Univers n'a cessé de se développer suivant le principe des contraires qui rend la vie possible. Pour comprendre ceci, il est essentiel de se vider de l'ego qui fixe des limites à l'esprit de l'homme.

Nous nous faisons souvent des idées fausses sur la gravitation : nous pensons qu'elle nous emprisonne. Comme nous l'avons vu avec la mort des étoiles, c'est le vide qui possède la force gravitationnelle la plus grande. Le néant signifie l'absence d'ego. La force physique est limitée, et n'est qu'une carapace superficielle pouvant facilement être brisée. Libéré de l'ego, on s'attire l'amour, le respect et la confiance. Voilà en quoi réside la vraie force.

Une fois débarrassée de l'égoïsme, du désir et de l'ambition, votre vie peut se joindre à l'Univers, barrières et frontières disparaissent. N'émanant plus du corps humain mais de la puissance infinie de l'Univers, l'énergie peut enfin circuler librement, sans contraintes.

O Sensei a dit : "Ce n'est pas moi qui contrôle mon énergie. Je suis vide et les forces de l'Univers me traversent. Ma puissance ne m'appartient pas."

"Saotome, tu attaques un typhon, un ouragan, une tornade. Tu te bats avec l'air, les nuages, les montagnes. Que ressens-tu en attaquant le soleil ?"

Ceux qui pensent être libres ont souvent des motifs égoïstes. Ils veulent faire quelque chose, posséder, ou devenir quelqu'un. L'attachement aux désirs n'engendre pas la liberté. La véritable liberté naît du vide qui seul permet une union avec l'Univers, avec le Créateur.

La voie de l'harmonie n'est pas une voie facile. La vérité ne peut éclairer un esprit oisif. Cette voie est semée d'embûches et met l'homme à rude épreuve. L'expérience concrète du conflit est frustrante mais la lutte qu'il faut mener pour améliorer l'individu et la société l'est plus encore. La voie est aussi semée de défis, facteurs de joie et d'épanouissement.

"Je ne suis pas un homme, je suis l'Univers en personne" dit Morihei Ueshiba. Il ne s'agit pas là de théologie mais d'une vérité toute simple. Nous sommes issus de la matière stellaire, la lumière divine. Tous les éléments actuellement connus furent créés à partir de cette énergie.

Et de même qu'à sa mort une étoile restitue sa matière au cosmos où elle sera utilisée à nouveau, nos corps retournent à la poussière pour attendre leur ultime libération, lorsque notre étoile, le soleil, s'éteindra.

Et sa force de gravité m'absorba dans le vide d'un trou noir auquel je ne pouvais échapper.

TAKAMA HARA est l'Univers contenant toute chose.

CHAPITRE IV

A LA RECHERCHE DE LA VÉRITÉ

Nous faisons partie de l'univers, nous sommes l'univers. Mais fermés à son immense réalité, nous n'y voyons qu'une vaste étendue inerte d'où serait issu un monde peuplé d'organismes vivants, menant une existence séparée : notre planète. L'évolution de la vie sur terre est un cycle continu obéissant aux mêmes lois que celles de l'univers. Depuis l'aube de l'humanité, philosophes, érudits, chercheurs et savants, tous essayèrent d'élucider les mystères de la vie et de ses origines.

O Sensei était un homme profondément attaché aux valeurs spirituelles. Ses conférences sur la philosophie de l'Aïkido et la signification de la vie étaient remplies d'allusions et de références divines. Les vieux noms Shinto attribués aux nombreux dieux et concepts spirituels qu'ils incarnaient étaient difficiles à comprendre. Mais O Sensei dit : "La Religion est science". Il mentionnait les lois universelles et les noms des dieux étaient ceux des phénomènes naturels, force centripète et centrifuge, feu, eau, vent, mer. Je me rendis compte que pour comprendre les réalités spirituelles, je devais aussi étudier les sciences. C'est ainsi que mes notions dans ce domaine se clarifièrent et si je m'étais limité à l'étude de la pensée Shinto, j'aurais rétréci le champ de la perception et me serais perdu dans une forêt de symboles sans savoir les vérités qu'ils recouvraient.

Les mythes religieux constituent la première manifestation de la Science. Nécessité faisant loi, ils donnèrent naissance à un code de conduite morale qui par bonheur sommeille encore dans notre subconscient. L'aube de la civilisation et de la créativité est inexorablement liée aux mythes religieux et à notre besoin de croire en notre propre divinité. Les racines du récit biblique de la Création puisent dans les premiers mythes égyptiens et babyloniens et l'ancien mot "adam" signifiait terre ou argile. D'après la Génèse, Dieu façonna une statue d'argile et lui insuffla la vie de l'Esprit divin. Adam était né. C'est ainsi que l'homme fut créé, sculpté par un dieu personnifié que l'esprit primitif put facilement appréhender. Des histoires comme celle-ci furent l'amorce d'activités humaines mettant en œuvre intellect et créativité. Dans sa quête pour définir l'existence et assurer en quelque sorte son immortalité, l'homme essaya de percer les mystères d'un monde qu'il ne pouvait ni voir, ni comprendre, ni contrôler. Ces mythes et légendes incarnent une vérité symbolique et doivent être considérés comme la sagesse intuitive et poétique des anciennes civilisations, transmettant leur vision de la nature. Nous avons la preuve que les connaissances et réalisations incroyables de ces civilisations n'étaient pas accidentelles : l'admirable complexité de la pyramide de Chéops, l'étonnante précision des calculs mathématiques et astronomiques des Mayas, l'ingéniosité prodigieuse de la Muraille de Chine, la géométrie de l'Alhambra... Malheureusement une grande partie de ce savoir fut détruite et enterrée par la peur et l'intolérance, plongeant l'humanité dans des siècles d'ignorance.

Les grands chefs et prophètes spirituels qui traversèrent l'histoire, tous des sages et des érudits, firent souvent appel dans leur enseignement à la parabole et au mythe. Il est probable que les limitations du langage et les connaissances restreintes de ceux à qui ils s'adressaient les contraignirent à utiliser le mythe comme métaphore. Colporté de génération en génération, traduit d'une à une autre, leur message perdit sa véritable signification. Le chapitre 13 du Livre de Mathieu du Nouveau Testament illustre bien ce phénomène :
10. Les disciples s'approchant lui dirent : "Pourquoi leur parles-tu en paraboles"? 11. "C'est que, répondit-il, à vous il est donné de connaître les mystères du royaume des Cieux, tandis qu'à ces gens-là, cela n'est pas donné. 13. C'est pour cela que je leur parle en paraboles parce qu'ils voient sans voir et entendent sans entendre ni comprendre. 14.

Ainsi s'accomplit pour eux la prophétie d'Isaïe qui disait : "Vous aurez beau entendre, vous ne comprendrez pas; vous aurez beau voir, vous n'apercevrez pas."

Malheureusement les générations suivantes prirent ces histoires hautement symboliques au pied de la lettre. Elles réconfortaient les esprits, fournissant des formules spirituelles faciles à suivre, délivrant des responsabilités et permettant de fuir, grâce aux interventions miraculeuses. Un homme escalade une montagne, une roche cède, il va tomber. Il passera les dernières secondes de sa vie à prier pour que la main de Dieu l'arrache au précipice qui le happe. Ignorant la loi de la gravitation l'individu s'attache obstinément à l'idée d'un dieu gouvernant l'univers en ayant plus recours au miracle qu'aux lois naturelles.

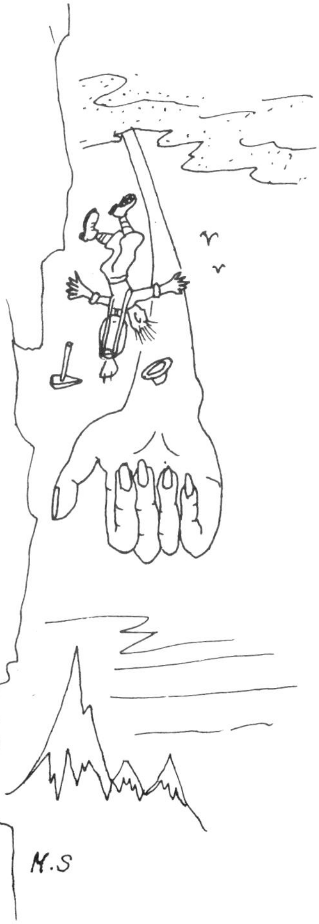

Au cours de l'histoire, des idées nouvelles ont constamment remis en question les définitions de la vie, ont bousculé les consciences avec le développement des méthodes scientifiques. Ces questions complexes concernant le rapport de l'humanité avec l'Univers sont étroitement liées à notre ego, à la manière dont nous percevons et aux valeurs spirituelles que nous respectons. Les vieilles idées, solidement ancrées, ne meurent pas facilement. Quand Copernic émit la théorie héliocentrique suivant laquelle la terre tournait autour du soleil, il bouleversa les fondements de la pensée religieuse et provoqua des scandales dans les milieux ecclésiastiques. L'idée d'un créateur tout-puissant et la conviction que les cieux tournaient autour de la terre et que l'homme était le centre de l'univers se trouvaient sérieusement ébranlées. Galilée, avec son télescope et ses nouvelles méthodes scientifiques, fut la *prochaine* victime suivante des préjugés et de l'intolérance; il pensait que les lois gouvernant l'Univers et la vie étaient les mêmes. Dans le Messager des Etoiles, recueil de ses observations astronomiques de 1610, il s'efforça de démontrer que Copernic avait raison. Mêlé aux luttes et aux conflits qui déchiraient l'Eglise à l'époque, Galilée fut persécuté, menacé de torture et enfin privé du droit d'exprimer ses théories et de publier ses expériences. L'Eglise mit trois cent soixante-dix ans avant de l'absoudre officiellement.

La théorie de Darwin sur l'origine des espèces par la sélection naturelle provoqua aussi l'indignation. Une fois encore, le caractère divin de l'homme et l'existence de Dieu étaient remis en question. Voici le point de vue du Révérend C.E. Raven, tiré d'une émission de la BBC datant de 1950 : "Admettre que la Création fut un processus et non un acte isolé, et qu'il agit sur la succession des phénomènes naturels bouleversa l'idée d'un Dieu créateur extérieur au monde et n'intervenant que de temps à autre pour en changer le cours à l'aide d'un miracle. Il est évident aujourd'hui qu'une telle idée ne fut jamais satisfaisante et on ne la trouve pas chez Saint Paul et les premiers grands théologiens chrétiens.

L'étude des organismes vivants révèle que chaque organe, chaque cellule est animé de processus de vie différents au cours de son existence. Notre ignorance a longtemps établi des frontières artificielles entre ce qui est vivant ou mort, organique et inorganique, animal et minéral. Grâce aux découvertes de la structure atomique de la matière, nous comprenons aujourd'hui les phénomènes de l'Univers et de la vie sur terre et découvrons que des processus de naissance, de croissance et de mort existent au sein des molécules, des atomes et des particules élémentaires. La présence de ces processus conduit à une nouvelle définition de la vie. L'exploration au microscope de substances inorganiques nous livre un monde organisé où fonctionnent de minuscules particules de matière. Comment ne pas admettre qu'une Conscience habite ce monde ordonné ? Toute matière animée par la structure atomique a une conscience et la matière inorganique comme les roches et les minéraux a alimenté la vie et joué un rôle capital dans son évolution. Le passage de l'inorganique à l'organique et la transformation des formes simples en formes complexes doivent être considérés comme un flot continu reliant le passé au présent.

Il est possible que la vie existe dans un autre système solaire que le nôtre dans notre propre galaxie ou dans une galaxie lointaine. Il se peut même qu'une planète de notre propre système abrite des formes de vie que nous ne sommes pas encore capables de déceler. La découverte d'une vie extra-terrestre revêtant une autre forme que la nôtre ouvrirait de nouvelles perspectives et nous aiderait à comprendre notre relation avec l'Univers.

A notre connaissance, une seule planète du système solaire fut dotée de formes de vie possédant une conscience supérieure. Pourquoi la terre ? Hasard ou miracle ? Ou bien produit d'un immense dessein, de lois naturelles dictées par une incroyable Intelligence ? La formation du soleil et l'évolution de la vie sur terre demeurent encore un mystère. L'homme apporte des explications théoriques de plus en plus sophistiquées mais elles ne constituent qu'une suite de propositions savantes sur les phénomènes de récurrence. Nous comprenons le processus de condensation des différents éléments chimiques gazeux lors de leur refroidissement. Nous croyons que seules des densités spécifiques de matière condensée pourraient survivre à l'explosion du soleil. Ainsi nous efforçons-nous de comprendre la formation de la terre, sa structure chimique et les conditions qui rendirent possible sa fragile évolution. Nous n'aurons sans doute jamais une réponse définitive, mais si nous perdons de vue ces questions concernant nos origines, notre vie n'a plus de sens.

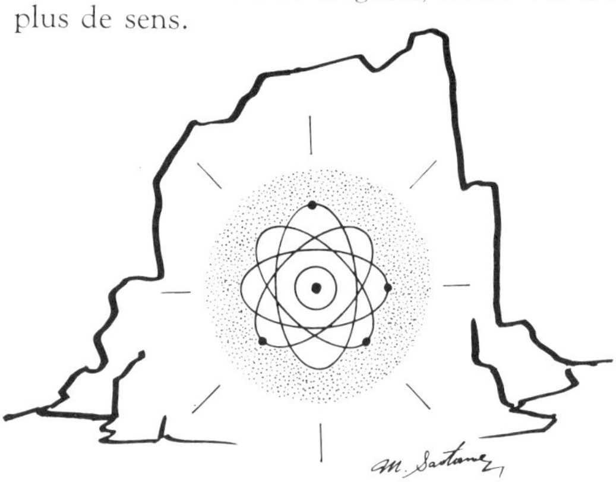

Les savants ont expliqué la plupart des processus d'évolution comme résultant d'une action chimique, d'une transformation du soleil, de l'eau et de la terre en éléments générateurs de vie. Cette réponse nous suffit-elle ? On estime que la vie est apparue sur terre il y a 13 milliards d'années et nous sommes encore fascinés par notre propre évolution à travers le temps et l'espace, commençant avec les premières cellules protozoaires et aboutissant à cette machine complexe dont fut doté l'Homo sapiens. D'où provient cette énergie qui inonde l'Univers ? La vie n'est-elle qu'un simple processus biologique tel que nous l'avons défini ? La science propose des explications mais ne se référer qu'à la science reviendrait à n'écouter que des paraboles. La science avec ses recherches constantes et sa spécialisation extrême perd de vue la question initiale. Une connaissance trop fragmentaire ne donne pas forcément une vision objective des phénomènes, ceux-ci ne fonctionnant que comme entités. Une assiette tombe et se casse ; vous pouvez naturellement recoller les morceaux pour retrouver sa forme d'origine mais sa fonction ne sera pas nécessairement restaurée. La vie doit être considérée comme un tout et le fait d'isoler, de mesurer, d'analyser, éloigne des solutions réelles. Nous devons apprendre à reconnaître les limites de la science.

Un jour, un théologien demanda à O Sensei : "Comment se fait-il que malgré la ferveur de nos prières pour obtenir la paix, les guerres ne cessent d'éclater partout dans le monde ?"

Le Fondateur répondit : "Il y a un déséquilibre entre les découvertes de la Science et celles de l'esprit. Depuis longtemps déjà, l'accent a été mis sur les progrès techniques et le développement spirituel a été relégué au second plan. Ce fossé énorme doit être comblé afin que les mécanismes universels puissent se produire normalement sur cette terre. L'équilibre est indispensable. Ces deux axes de recherche, matériel et spirituel doivent se compléter et s'enrichir mutuellement.

Dieu nous a donné une forme physique pour affiner notre esprit sur cette terre. A son tour, le corps doit obéir à ce que lui dicte la conscience. Il doit être entraîné à devenir le gardien de l'âme et de la vérité divine. A travers les sensations qu'il nous donne, nous finirons par percevoir la lumière divine et former un tout avec l'Univers.

Je suis convaincu que la Science peut contribuer à l'enrichissement de l'humanité et non à sa destruction si toutefois les sciences de l'Esprit progressent aussi. C'est l'association de ces deux sciences qui reliera la terre au ciel.

Les gens se battent pour savoir quel dieu vénérer, quel nom lui donner. Le développement spirituel n'a rien à voir avec ces querelles qui n'engendrent que stagnation et n'aboutiront jamais à la compréhension de l'Univers, ni à la découverte du *Kami*. Sans une perception intuitive des phénomènes complexes de la Création, nul ne peut accéder à la vérité de l'harmonie, au principe d'Aiki.

Chaque particule de matière, chaque vibration constitue une partie du Créateur. Il nous appartient de ne pas polluer, détruire ou déranger la plus petite parcelle de sa Création. Nous pourrons ainsi être inondés par le *Ki* de l'Univers et devenir l'écho vivant de Dieu.

Et "*Takama Hara*", l'esprit de l'Univers sera en vous. Vous ne le trouverez pas en parcourant le monde, ni en explorant l'étendue céleste. Il vous suffira de comprendre que "*Takama Hara*", structure créatrice de l'Univers est aussi celle de votre propre corps. La forme humaine abrite tous les éléments de l'Univers. Pourquoi chercher ailleurs ?

Voila en quoi consiste la voie du vrai Budo : voir en l'Univers l'œuvre du *Kami*, comprendre que chaque chose émane de lui. Cette science est vérité et l'avenir de l'humanité dépend de sa sagesse. Les prières pour la paix et la prospérité ne seront exaucées que si nous considérons cette terre comme le reflet de l'Univers. L'Aïkido participe à cette tâche et à la joie de construire un monde dans lequel chaque chose est respectée à sa juste valeur. Sans cette noblesse d'esprit, l'Aïkido cesse d'exister."

Lors d'un tour du monde après son vol dans l'espace, l'astronaute américain John Glenn et son fils visitèrent le Japon. Une démonstration d'Aïkido fut donnée en leur honneur par O Sensei à l'université Meiji Gakuin. Après la démonstration, on présenta les deux hommes. Vivement intéressé par le vol du capitaine Glenn, O Sensei lui demanda par l'intermédiaire de Keijiro Nunoi, ambassadeur des Etats-Unis ce qu'il avait ressenti dans l'espace. Glenn répondit qu'en regardant la terre et le cosmos qui l'entourait, il eut la conviction que cet univers était le jardin de Dieu. O Sensei sourit et dit : "Les enseignements spirituels et de la science moderne sont très proches. La science met en évidence la grandeur divine."

L'Auteur à gauche se prépare à attaquer O Sensei lors d'une démonstration spéciale donnée en l'honneur de John GLENN.

John GLENN à gauche et l'interprète, M. NUNOI à droite regardent O Sensei et le fils de GLENN échanger une poignée de mains.

SHIZEN TOTA est le processus d'adaptation de la nature.

CHAPITRE V

ÉQUILIBRE ET HARMONIE DE LA NATURE

"Mon dojo est la nature, il est l'Univers. C'est un temple construit par le *Kami*. Si vous le regardez avec les yeux du cœur, celui qui détient la vérité scientifique et spirituelle vous mènera à la connaissance. Les lois de la nature sont nées de l'amour et de l'harmonie absolue de la création. Il est essentiel que ceux qui sont sur la voie de l'Aïkido gardent ces principes précieusement au fond de leur cœur". (Morihei Ueshiba).

La terre est un organisme vivant et l'apparition de l'homme ne représente qu'une étape de son histoire. Elle est animée deux fois par jour par le mouvement des marées contrôlées par la force de gravitation du soleil et de la lune. La terre repose sur une structure mouvante subissant des poussées telluriques internes et bâtie sur une stratification de couches rocheuses comprises entre le noyau de magma et la surface. Création et destruction, naissance et mort s'y déroulent imperceptiblement mais ces phénomènes deviennent apparents lorsque des plaques s'entrechoquent, entraînant des milliards de tonnes de roches pour former de nouvelles chaînes de montagnes. Ici un volcan surgit de l'océan, crachant des matières en fusion du centre de la terre pour donner naissance à une île; là, la terre est secouée et éventrée par les chocs d'un séisme. Le tremblement de terre et le volcan sont le yin et le yang, la manifestation physique du même processus. L'intéraction des océans et de l'atmosphère influe sur les conditions climatiques et météorologiques. Cet échange constant produit les mouvements superficiels mais aussi la circulation des courants dans les fonds marins. Il se manifeste dans l'érosion des plages, des falaises prises d'assaut par les vagues, dans les rafales du vent, dans les pluies diluviennes, dans les vagues géantes qui après leur course folle sur l'océan viennent dévaster les côtes. L'homme limité par sa vision étroite n'a su voir en ces phénomènes naturels - volcans, tremblements de terre, raz-de-marées, typhons - qu'une violence destructrice. Il s'agit en réalité du merveilleux système d'adaptation et d'équilibre de la nature, la force de l'harmonie.

La terre traverse constamment des cycles différents qui modifient la configuration des montagnes et des plaines, le niveau des mers. Son travail d'élaboration et de construction est compensé par une érosion permanente causée par l'eau, la glace, le vent et les éléments chimiques. Dans cette mince zone où des matières très denses de la géosphère (roches) et de l'hydrosphère (eau) entrent en contact avec les basses densités de l'atmosphère, tout est instable, tout se modifie afin que soit facilité l'équilibre : quand celui-ci devient trop précaire, les forces naturelles le rétablissent. La terre, les océans et l'atmosphère s'influencent mutuellement. La température et la pression subissent des variations constantes très subites. La biosphère, cette délicate membrane de vie, recouvre la terre et permet le développement et l'adaptation d'innombrables êtres vivants. Les lois de la nature sont dures et impitoyables et toute forme de vie ne pouvant changer ou s'adapter est condamnée à disparaître : le travail d'équilibrage de la nature suit son cours. La biosphère est le siège de l'évolution, de la création et de la destruction.

L'harmonie de la nature évoque souvent pour nous un ciel bleu parsemé de nuages blancs se reflétant dans les eaux calmes d'un lac. Le chant des oiseaux emplit les frondaisons et une douce brise caresse notre visage, fait onduler les hautes herbes. Le lion et l'agneau sont assis côte à côte. Ce tableau idyllique, fruit de l'imagination et de l'attendrissement ne dégage aucune harmonie : il renferme l'odeur trop douce de la pourriture.

L'effet d'une montagne sur la circulation des masses d'air et SHOMEN UCHI KOKYU NAGE

Kevin CHOATE - UKE.

Le flot d'une rivière et celui d'un KOKYU NAGE

Kevin CHOATE - *UKE*

RYOTE DORI KOKYU NAGE

RYOTE DORI KOKYU NAGE

Bruce MERKLE - UKE

Shigeru SUZUKI - Shihan dai - UKE La force suprême de l'harmonie SUMI OTOSHI

Une cascade est une forme d'entrée de KOKYU NAGE

Kevin CHOATE - UKE

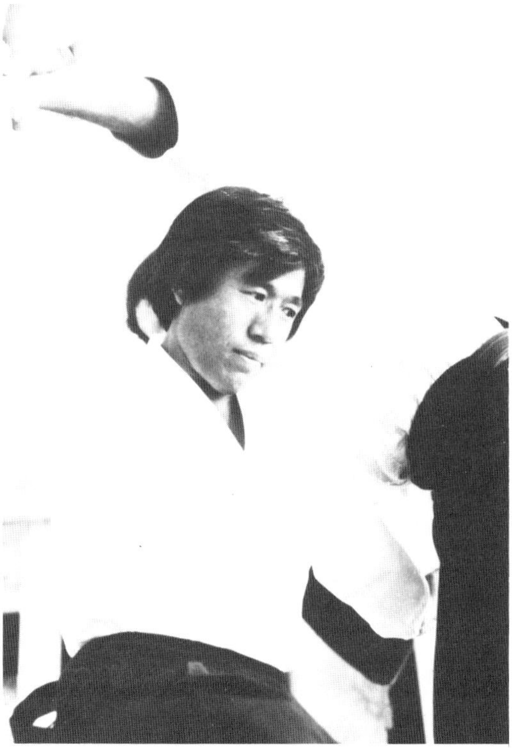

John MESSORES - UKE

Le lion mourra de faim, les moutons, en trop grand nombre détruiront l'herbe haute qui fixait les sols. La terre fertile disparaîtra, le lac se désséchera et les moutons mourront à leur tour. Les arbres périront et on n'entendra plus que l'écho du vent dans ce désert sans vie.

Chaque impression, chaque idée est filtrée et déformée par l'ego : l'homme est infirme et ne perçoit que ce qu'il a sous les yeux. Nous établissons une distinction très nette entre l'harmonie douce et bénéfique et le conflit, dur et impitoyable. Nous ne comprenons pas que l'harmonie de la nature englobe toute chose et ignorons la justice parfaite des lois universelles. Harmonie ne signifie pas absence de conflits car la spirale dynamique de l'existence embrasse les deux extrêmes. Le conflit est le commencement de l'harmonie de même que la mort est le commencement de la vie. La nature est assez souple et adaptable pour résoudre les conflits et rétablir l'équilibre de la création dans son processus de recyclage.

Le mot "infini" a captivé l'imagination poétique de l'homme mais nous commençons à comprendre qu'il ne peut s'appliquer à la terre et à ses ressources ou même à l'univers. Seule la vibration créatrice de Dieu est infinie. Nous vivons dans un monde "fini" de cycles comme ceux du carbone, de l'azote, de l'oxygène, éléments qui naquirent des fusions nucléaires des premières étoiles. Nous traversons pendant un court instant le temps universel et retournons à la terre, à l'eau et à l'air. La vie cyclique des organismes est un système de conversion d'énergie. Les consommateurs vivent aux dépens des producteurs et les agents de décomposition de la matière se chargent de les restituer à la terre. Ces cycles sont tellement enchevêtrés et complexes qu'il est difficile de les distinguer.

La lumière du soleil fait miroiter sur les nervures d'une feuille la rosée du matin. Bien plus qu'une expérience visuelle émouvante, ce phénomène illustre le processus responsable de l'utilisation du carbone dont dépend la vie. Les plantes vertes ou producteurs, captent l'énergie solaire et en utilisant le spectre du rouge au violet et au bleu transforment l'oxyde de carbone, l'eau et les éléments chimiques en matière vivante. Le produit de cette photosynthèse est l'oxygène qui donne aux formes de vie sur terre le carburant nécessaire à leur existence. Les consommateurs, c'est-à-dire les animaux, dont nous faisons partie, absorbent ces matières vivantes, utilisent l'oxygène puis libérant l'énergie dans l'atmosphère, rejettent le gaz carbonique et ainsi de suite. Mais le cycle n'est pas encore complet. Les corps de tous les organismes vivants contiennent des réserves de substances chimiques en quantité limitée et doivent retourner à la terre après leur mort afin d'être réutilisés par d'autres formes de vie.

La terre, enrichie par ces organismes en décomposition devient nourricière. A chaque changement de saison, une nouvelle couche de matière organique est déposée, donnant à la terre ses contours. A son tour, elle se décompose et se transforme en sols riches et fertiles. C'est la tâche du troisième groupe écologique : les agents de décomposition. Sans les bactéries, virus, champignons, moisissures et micro-organismes activant la putréfaction de la matière, le carbone et d'autres éléments précieux seraient à jamais prisonniers des organismes morts. Le cycle se ralentirait puis s'arrêterait, mettant un terme à toute vie.

La fertilisation ne doit pas se limiter à nourrir directement la plante, mais à favoriser l'accroissement des micro-organismes dans le sol et stimuler leur activité. Certains utilisent l'hydrogène sulfureux, le monoxyde de carbone et d'autres substances nuisibles à la vie animale. D'autres utilisent comme engrais des matières organiques en décomposition issues de plantes ou d'animaux. Dans cet acte de purification ou misogi, ils permettent ainsi aux consommateurs (animaux) d'être utiles aux producteurs (plantes). La photosynthèse est un processus capital sans lequel la vie animale n'aurait pu se développer. N'oublions pas que les plantes fournissent 100 % de notre nourriture, directement ou indirectement et qu'elles produisent aussi l'oxygène essentiel à son utilisation.

"Alors Dieu modela l'homme avec la glaise du sol, il insuffla dans ses narines une haleine de vie et l'homme devint un être vivant" (Génèse, chapitre 4, 2.7). Pour vivre nous devons respirer, en Japonais, Kokyu. Nous pouvons survivre des semaines sans nourriture, des jours sans boire mais nous ne pouvons retenir notre respiration que quelques

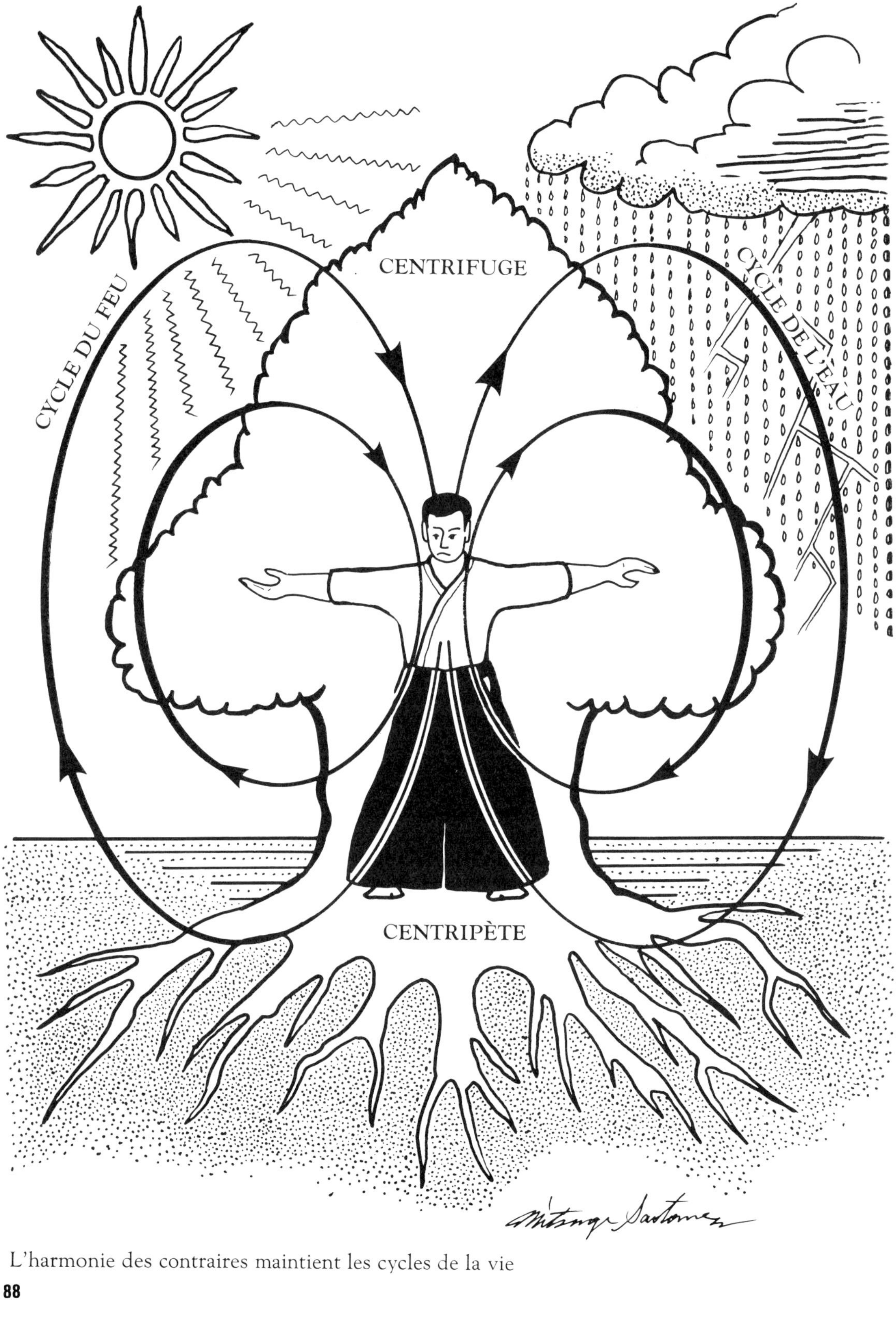

L'harmonie des contraires maintient les cycles de la vie

minutes. L'oxygène que nous absorbons irrigue le cerveau et lui donne l'énergie pour organiser la vie dans toutes les parties du corps. La respiration n'est pas que l'alternance de l'inspiration et de l'expiration, ce mouvement ne se rencontrant en fait que chez les espèces animales supérieures. Les mécanismes de la respiration que partagent presque tous les organismes est un processus chimique de renouvellement qui a lieu dans chaque cellule, l'oxydation des substances organiques produisant de l'énergie. Seulement une petite partie de cette énergie est utilisée immédiatement, le reste étant stocké à l'aide d'un composé phosphoré, l'ATP, en vue d'une utilisation ultérieure. Cet extraordinaire système de stockage et de restitution de l'énergie fut, après la respiration, une étape capitale dans l'évolution.

La quantité de carbone qui n'a pas été décomposée séjourne dans le sol pour durcir et se fondre à la terre. C'est la nature qui décide du moment où les matériaux combustibles, charbon et pétrole, issus d'un processus vivant datant de plusieurs millions d'années doivent être libérés sous la forme de volcans pour équilibrer le taux de gaz carbonique dans l'atmosphère. Nous sommes en train de détruire cet équilibre en faisant brûler les produits à base de carbone : nous avons déjà fait monter le taux d'oxyde de carbone dans l'atmosphère de 10 %. On estime que les activités industrielles l'augmenteront à 25 % d'ici l'an 2000. Combien de gaz carbonique l'atmosphère peut-elle contenir avant que la vie devienne impossible sur terre ? Le réchauffement probable de la surface du globe réduirait les masses glaciaires aux pôles, faisant monter le niveau des océans, et entraînant d'importants changements climatiques dans les zones tempérées. Nous n'en connaissons pas encore toutes les retombées, mais avons-nous le temps de continuer à agir ainsi en attendant le résultat des recherches? Nous avons tellement spécialisé certaines récoltes que leur adaptation en cas de changement climatique devient problématique. Peut-être l'homme lui aussi a-t-il, en se spécialisant, perdu sa faculté naturelle d'adaptation. Au lieu d'explorer les mystères de l'univers pour mieux comprendre ses origines et se rapprocher du Créateur, l'homme essaie avec insolence de refaire le monde.

Nous avons pris l'habitude de séparer toutes les conditions de l'environnement essentielles à la vie pour étudier et exploiter plus facilement leurs richesses. Mais, comme nous l'avons vu, le laboratoire et la réalité sont deux mondes différents. Les conséquences d'une action ne peuvent être prévues qu'avec une connaissance complète de tous les facteurs entrant en jeu. Sans une perception intuitive et sensible du monde qui nous entoure, nos problèmes ne pourront être résolus et d'autres surgiront, quels que soient les mesures et palliatifs apportés. L'égoïsme et la cupidité ont amorcé un nouveau cycle, celui de la dégénérescence et du gaspillage.

L'esprit du *Kannagara* voit les montagnes surgir des mers, la mousse dorée et l'herbe des prés, les couleurs des saisons et manifeste sa gratitude. La pensée que l'homme puisse intervenir dans cette nature sainte et vénérée semble absurde. Comment les mortels osent-ils déranger la perfection des lois divines ?

La terre elle-même est responsable de cette attitude : la beauté paradisiaque des îles japonaises n'a d'égale que leur vulnérabilité face aux phénomènes naturels, terribles et imprévisibles. Formées par l'activité volcanique et situées à l'intersection de quatre plaques principales, les îles sont constamment exposées à la force redoutable des tremblements de terre et des volcans, impuissantes devant le mur grondant des vagues emportant tout sur leur passage. A la confluence des masses d'air polaires et tropicales, les conditions d'humidité saturent l'atmosphère et permettent les cultures mais créent aussi des typhons aux conséquences désastreuses. Comprenant les limites et l'impuissance de l'homme face à la puissance divine, le peuple japonais (au moins jusqu'à l'ère de la modernisation et du développement technologique récent) a adopté une attitude de souplesse et d'adaptabilité devant les bouleversements naturels. C'est la faculté d'adaptation qui a permis à la terre de tourner depuis des milliards d'années. Tout n'existe que grâce au changement.

Cette souplesse doit s'étendre aux relations personnelles, sociales et politiques. Il faut éviter d'émettre des jugements trop tranchés sur les sentiments et les émotions des autres; il faut refuser toute confrontation directe, toute concurrence. Il n'existe pas de réponse définitive, les situations changent et évoluent

HAUTE
GRADIENT
DE PRESSION
BASSE

John MESSORES - UKE Positions d'attaque ou de défense

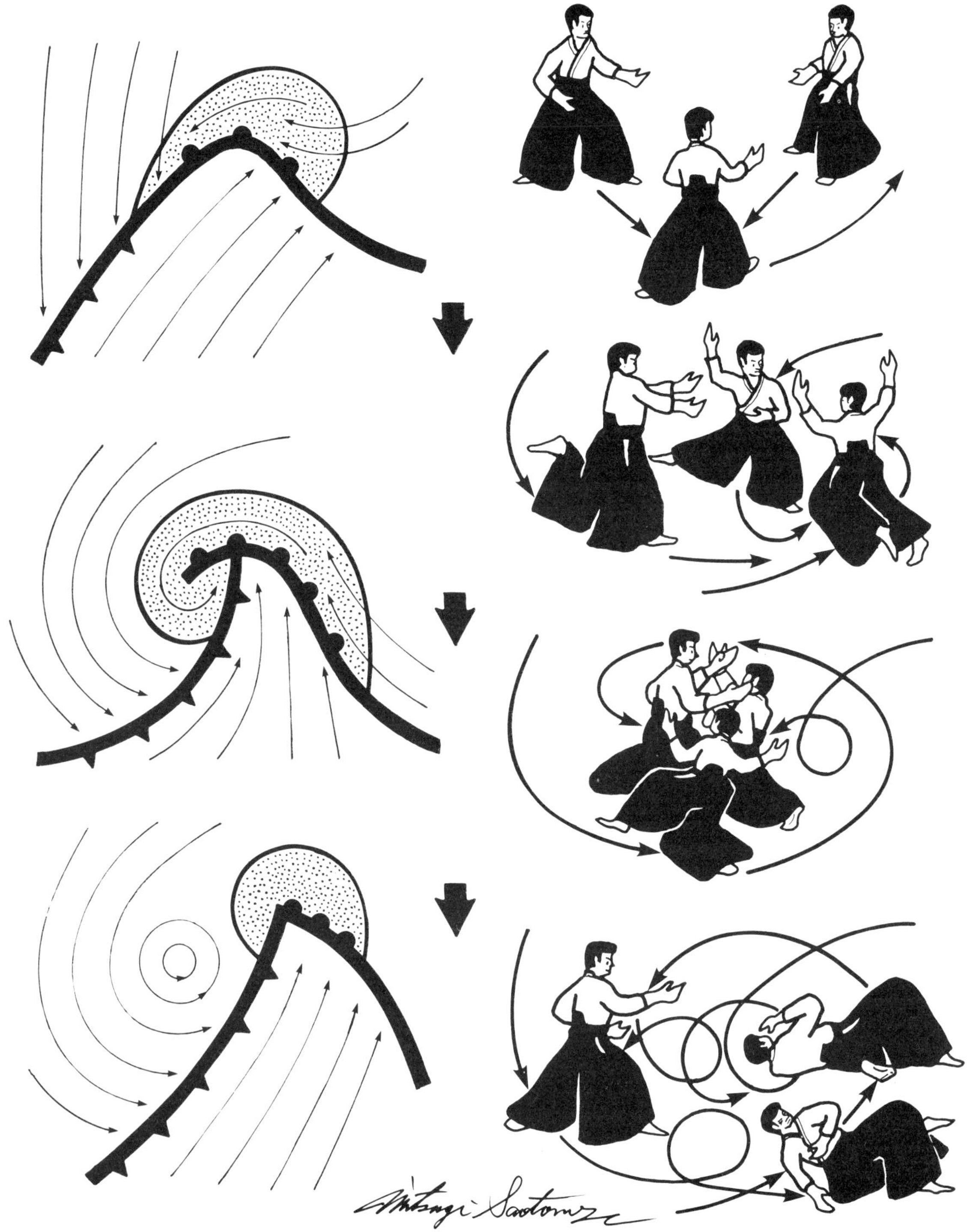

Les contraires se rejoignent en dynamique : Air chaud et Air froid

Hiroshi IKEDA - Shihan dai
et Paul BLACKWOOD - UKE

La technique diffère, mais les principes sont les mêmes

Fluidité du mouvement :
YOKOMEN UCHI KOKYU NAGE, TENKAN

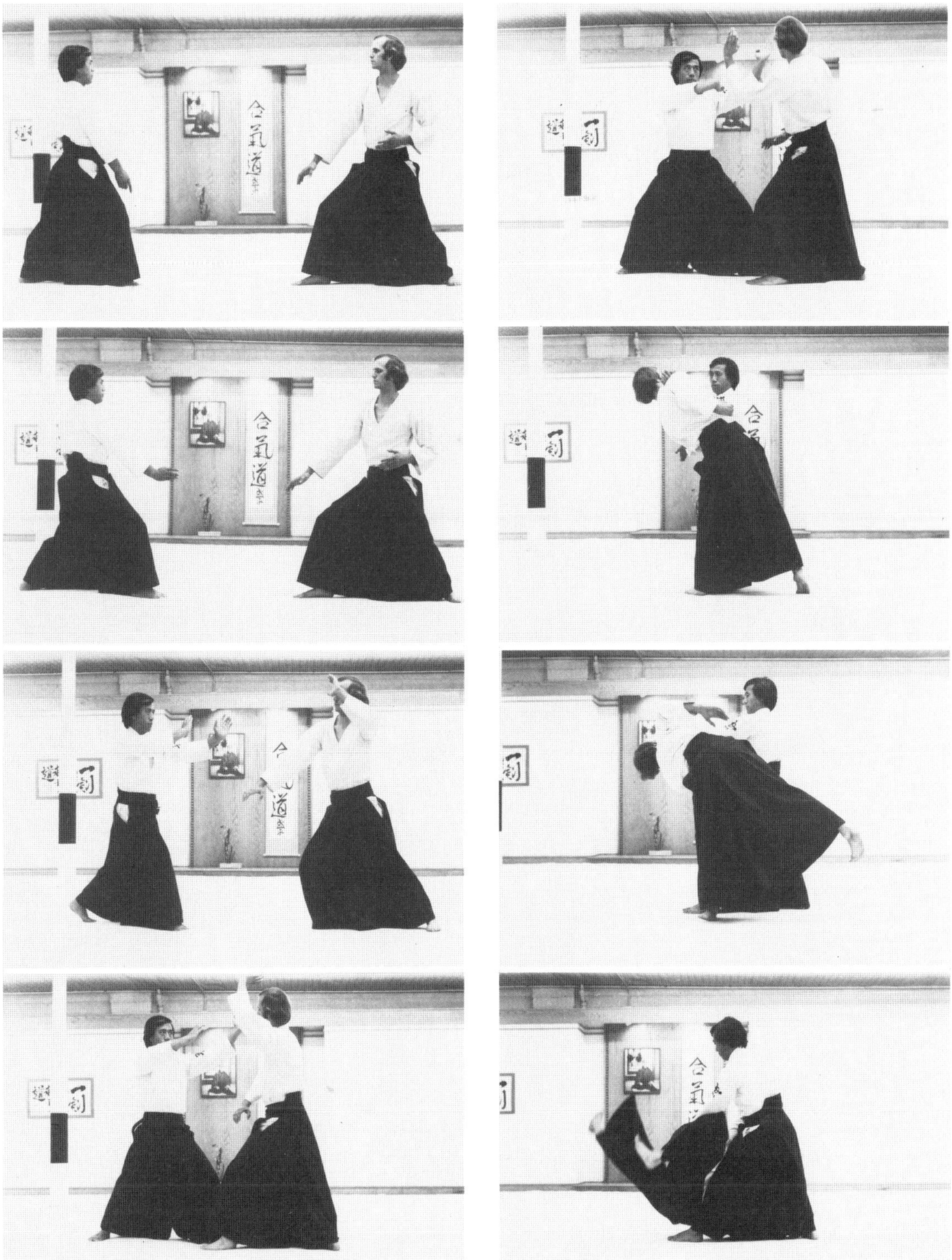

Kevin CHOATE - UKE

L'Aïki a une forme sans en avoir une. L'Aïkido est un art de communication. Vous devez être calme et ouvert de manière à lire avec précision la réaction de votre partenaire. L'attaque est MUNETSUKI. La parade initiale à cette attaque est la même dans tous les cas. Dans le 1er enchaînement UKE continue son mouvement pour retrouver son équilibre, rattraper le NAGE et le frapper à nouveau. Au moment où il se redresse pour réattaquer, le mouvement est poursuivi et il est projeté en KOTEGAESHI.

Hiroshi IKEDA- Shihan Dai, nage
John MESSORES - UKE

Nous commençons avec la 4e photo de l'enchaînement KOTEGAESHI. Sur la photo suivante, au lieu de continuer son mouvement, UKE résiste et tire son partenaire en arrière. Le NAGE est assez souple pour accepter cette aspiration. Il l'utilise pour faire tourner UKE et le projeter en KAITE NAGE. Le secret de l'Aïkido est la mobilité.

 Nous sommes une grande famille et nous dépendons tous les uns des autres

et des nouveaux courants d'opinion se créent. Ce qui est vrai aujourd'hui ne le sera plus demain. En évitant l'emploi de l'affirmation et de la négation catégorique - ceci semblera illogique à un esprit rationnel occidental - une question pourra être considérée de plusieurs points de vue, sans préjugés, et les portes de la communication seront laissées ouvertes, avec l'espoir d'une réponse harmonieuse. Pour être à l'écoute de la réalité changeante, l'esprit doit être libre, vide de tout préjugé.

La pensée traditionnelle dépend de l'appréhension intuitive des idées et des sentiments plutôt que d'une analyse point par point. Le mot japonais *Kane* (même son que le *Kane* de *Kannagara* mais représenté par un caractère différent) exprime cette compréhension intuitive ou sixième sens. Armés de cette sensibilité, nous sommes réceptifs aux changements de l'environnement, à la personnalité de ceux que nous rencontrons pour la première fois, sans analyse préalable. Le *Kane* aide à préparer l'avenir imprévisible en attendant "l'inattendu" et en développant un esprit pour que la réponse à cet inattendu puisse se faire sans hésitation. L'incertitude de l'avenir rend cette spontanéité nécessaire et un style de vie trop rigide constitue un frein à son épanouissement.

Une attitude réceptive et spontanée, un respect pour le déroulement naturel d'une situation sont le fondement de l'enseignement d'O Sensei. Sa méthode comprenait deux pôles opposés mais complémentaires. D'abord venait l'étude des techniques de base, l'apprentissage d'un mouvement jusqu'à ce que son exécution devienne parfaite et instinctive. Mais beaucoup plus importante étaient la spontanéité de l'esprit et du corps qui évitaient de tomber dans le piège d'une précision mécanique et sans vie. Quand l'ennemi attaque, il n'y a pas une manière infaillible de lui faire face : l'action suivante ne peut être prévue, on n'a pas le temps d'analyser. Seules l'intuition et la clairvoyance peuvent décider de la réaction la mieux appropriée à une situation donnée.

"*L'Aïki* a une forme sans en avoir une. L'*Aïki* est une vie ayant une forme mais celle-ci change constamment : elle ne s'exprime que par le changement. Une forme sans forme, voilà une expression poétique illustrant bien ce qu'est l'Univers." Morihei Ueshiba. Les mots ne peuvent rendre compte des formes toujours changeantes que prennent l'eau et le feu mais nous pouvons les comprendre intuitivement. La vapeur et la glace sont issues du même élément et la nature qui nous entoure est en perpétuel devenir, un présent indéfini progressif.

"La Voie de la perfection est une lutte sans relâche et elle ne peut se réaliser que grâce à la souplesse d'esprit." Morihei Ueshiba. "Prenez l'eau dans la coupelle de vos mains, la lune s'y reflètera. Touchez les fleurs, leur parfum imprègnera vos vêtements." Hoyen p. 58 Suzuki, D.T.; Bouddhisme Zen.

Que nous considérions les phénomènes naturels comme l'évolution de circuits énergétiques reliant l'Univers, la vie et l'homme, ou comme les nombreuses manifestations de l'Intelligence cosmique, il est clair que notre vision est étroite, précaire et égocentrique. Le Fondateur de l'Aïkido nous dit que si nous oublions le fonctionnement de l'Univers, nous ne pourrions survivre un instant. La pratique de l'Aïkido est un chemin conduisant aux vibrations suprêmes de l'harmonie qui sont à l'origine de la Création et notre existence sur terre est la manifestation directe de l'amour divin.

TENRI SHIZEN NO KI est la force des lois naturelles.

CHAPITRE VI

JUSTICE ET HARMONIE DE LA NATURE

La vie est un Karma et toute action est inscrite dans le destin des êtres vivants. Chaque groupe d'êtres et chaque membre du groupe ont leurs fonctions et responsabilités propres. L'égoïsme n'a pas sa place dans ce système de communication qui contrôle la biosphère. Son harmonie ne doit pas être menacée.

Chaque communauté possède sa zone délimitée, sa fonction, sa place au sein de l'écosystème de la terre. Toute forme de vie dépend des autres et quand l'espace et les sources d'énergie font défaut, ils ne sont pas monopolisés mais partagés pour le bien de toutes les espèces concernées. La répartition de l'espace est multi-dimensionnelle. Dans une communauté végétale, on trouve des grands arbres s'élançant vers le ciel, des arbres plus petits aux branches touffues, des buissons, de l'herbe, de la mousse, et de nombreuses couches de racines souterraines. Les sources d'énergie sont aussi multiples : certains oiseaux mangent les baies et les graines directement sur l'arbre, d'autres les mangent sur le sol. Ils peuvent aussi se nourrir d'insectes, de petits mammifères, de détritus, et tous vivent dans un équilibre harmonieux.

Je le répète, harmonie n'est pas synonyme de faiblesse et équilibre ne signifie pas stagnation. La vie est vouée à la croissance, au changement : c'est le principe d'*Aïki*, d'harmonie. Cependant, rien ne peut croître indéfiniment : le développement et la dégénérescence, l'expansion et la contraction, ne s'inscrivent que dans certaines limites, toute forme de vie est destinée à mourir. L'Univers ne pourra s'agrandir éternellement et devra se contracter à nouveau quand son expansion aura atteint son maximum. Ce rythme naturel est "*shizen tota*" : l'adaptation de la nature. Il est clair que si la reproduction des espèces ne subissait aucun contrôle naturel, leur nombre serait trop important pour assurer leur survie. Le rapport entre l'espace disponible et le nombre d'individus d'une espèce doit être respecté. Afin de préserver son caractère propre et son mode de vie, la nature procède à une sélection rigoureuse, éliminant les individus les plus faibles et tous ceux qui n'ont pas su s'adapter. L'hérédité transmet, la vie exécute.

La nature est une arme à double tranchant : en donnant la vie, elle créé aussi les instincts d'agressivité, la lutte pour la survie, la préservation des espèces qui revêtent plusieurs formes. Par exemple, les luttes pour le territoire de deux animaux d'une même espèce garantissent une division équitable des ressources de leur environnement et permet à tous les individus de l'espèce de former une communauté prospère. Les luttes de rivalité pour la suprématie sexuelle garantissent aux générations ultérieures les caractères génétiques les plus résistants et les mieux adaptés, assurant ainsi la protection des jeunes. Les formes d'agression à l'intérieur d'une même espèce n'ont jamais pour but l'extermination de ses propres membres.

En maintenant un équilibre entre les ressources disponibles d'une population et l'activité d'autres espèces, l'ennemi naturel accorde sa vie sur celle de sa proie. Munie de moyens de défense, la proie améliore constamment ses méthodes de détection et de fuite. Pendant ce temps le chasseur perfectionne ses méthodes de capture. Heureusement pour la continuité des deux espèces, cette course n'a ni vainqueur ni vaincu : un équilibre permanent est maintenu.

En fait l'ennemi chasseur n'est pas un véritable ennemi. Quand le loup attaque et tue le cerf, c'est sans hostilité, sans colère. Il a simplement faim et doit tuer pour se nourrir

L'hérédité transmet, la vie exécute

et survivre. D'ailleurs, entraîner la disparition d'une espèce dont on dépend pour sa survie relève du suicide. La proie soutient donc le chasseur en lui procurant sa subsistance et en retour, le chasseur soutient sa proie en contribuant à l'amélioration de l'espèce, éliminant les individus faibles et malades pour que ceux qui subsistent puissent se développer et se multiplier. Ce principe est celui du misogi. La notion de dépendance mutuelle est évidente, la survie d'une espèce étant absolument indispensable à la survie de celle dont elle dépend.

Dans le système de sélection naturelle, toute forme de vie doit lutter contre son environnement, contre sa propre espèce, et contre ses ennemis naturels. Ces derniers sont nécessaires au développement d'une vie saine et adaptée, mais aussi à la mise en place d'un système autonome au moyen duquel la vie contrôle l'agressivité. Sans l'ennemi naturel et les luttes pour le territoire, les mécanismes d'agression se manifesteraient alors au sein du groupe social. Quand la sélection de l'espèce ne dépend plus de l'agression, les comportements sont modifiés, amplifiés et le potentiel de survie est menacé. Il semble que l'humanité, en intervenant dans les lois naturelles, ait actuellement atteint cette limite.

Malgré tous les bouleversements que la planète a subis au cours de son histoire, la vie a continué car elle a su s'adapter. L'hérédité, c'est-à-dire la matérialisation de l'évolution est la transmission des facteurs positifs aux générations à venir. A travers les hélices de la molécule d'ADN, les secrets de l'existence, de sa forme et de sa fonction sont enregistrés et transmis de génération en génération. Les membres d'une même espèce ne mènent pas une existence indépendante : ils font partie d'un groupe et se diversifient en tant que membres du groupe grâce à cette transmission. L'homme est apparu sur terre en héritant de l'expérience des nombreuses formes de vie qui le précédèrent. Il est le produit d'une longue évolution, d'un flot continu dépassant le temps et l'espace, jetant un pont entre le passé et le futur. Les lois dictant la sélection sont justes, sans préjugés : les forts seront prospères, les faibles, menaçant l'existence du groupe, périront et le groupe sera débarrassé de ses imperfections. La relation de l'individu avec le groupe est capitale : si le groupe est condamné, l'individu subit le même sort. Quand une forme de vie est pervertie et ne s'adapte plus à l'harmonie de l'ensemble, la nature s'en débarrasse.

L'humanité est une forme de vie comme les autres, mais elle présente des différences essentielles : elle a reçu le don de la compassion. En effet, nous devons protéger les faibles, car ils sont notre plus grande force ; nous devons respecter l'esprit de Dieu que renferme chaque individu. Nous avons été doté d'une intelligence et avons forgé une morale. Dans notre quête de la vérité, nous essayons de nous rapprocher de la Conscience Universelle. Bien que supérieurs aux autres animaux, nous leur ressemblons, notre instinct de survie est le même. Mais chez l'homme, ces instincts se transforment en intolérance et en haine. Nos comportements, dominés par l'égoïsme, mettent en danger notre race et la planète toute entière. Nous refusons de nous adapter. Ce n'est pas l'individu qu'il faut brimer pour le bien de la communauté : ce sont la haine et l'égoïsme qu'il faut vaincre, en canalisant nos comportements et tendances agressifs.

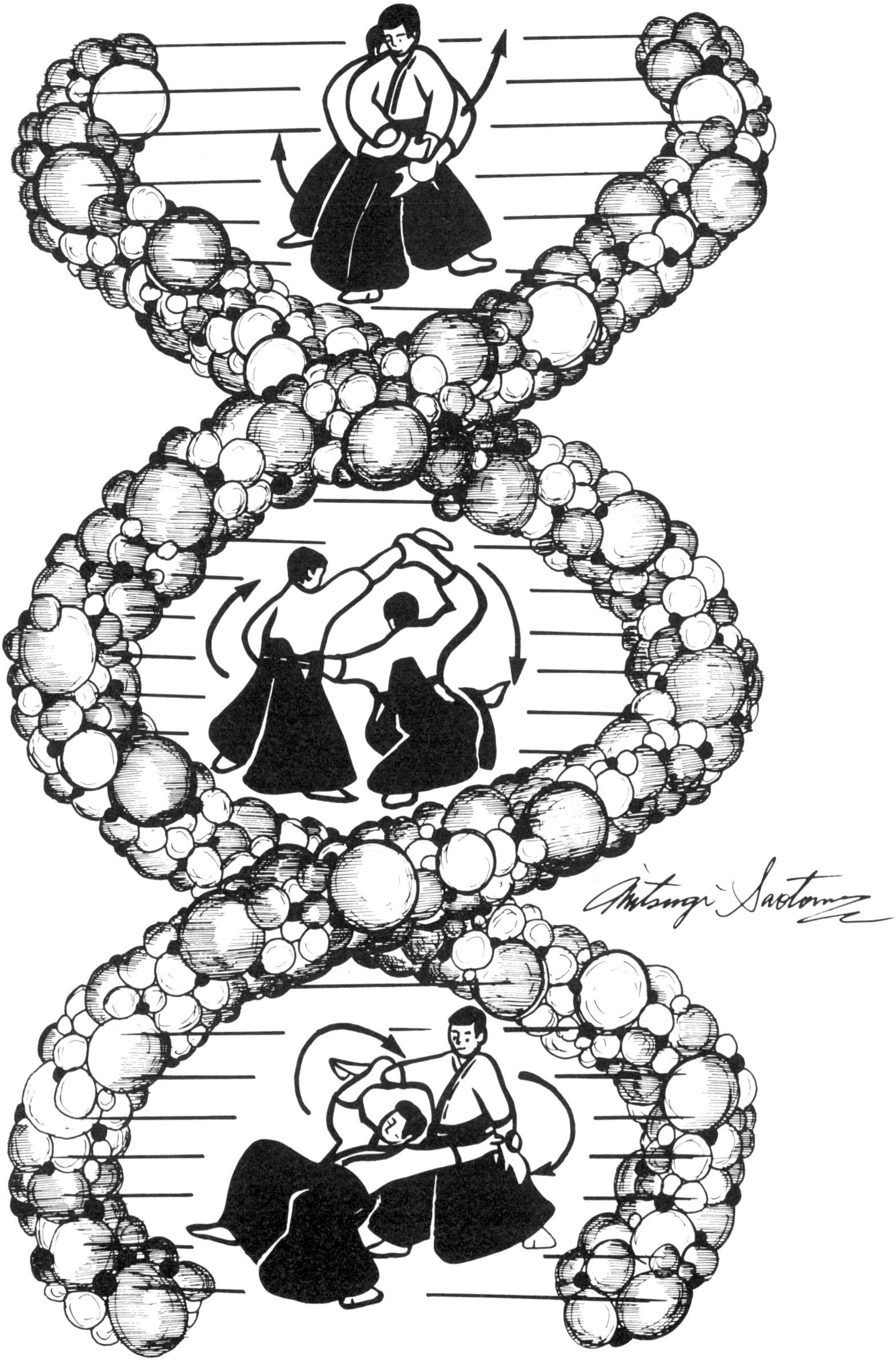

A travers les hélices de la molécule d'ADN, les secrets de l'existence de sa forme et de sa fonction sont enregistrés et transmis de génération en génération.

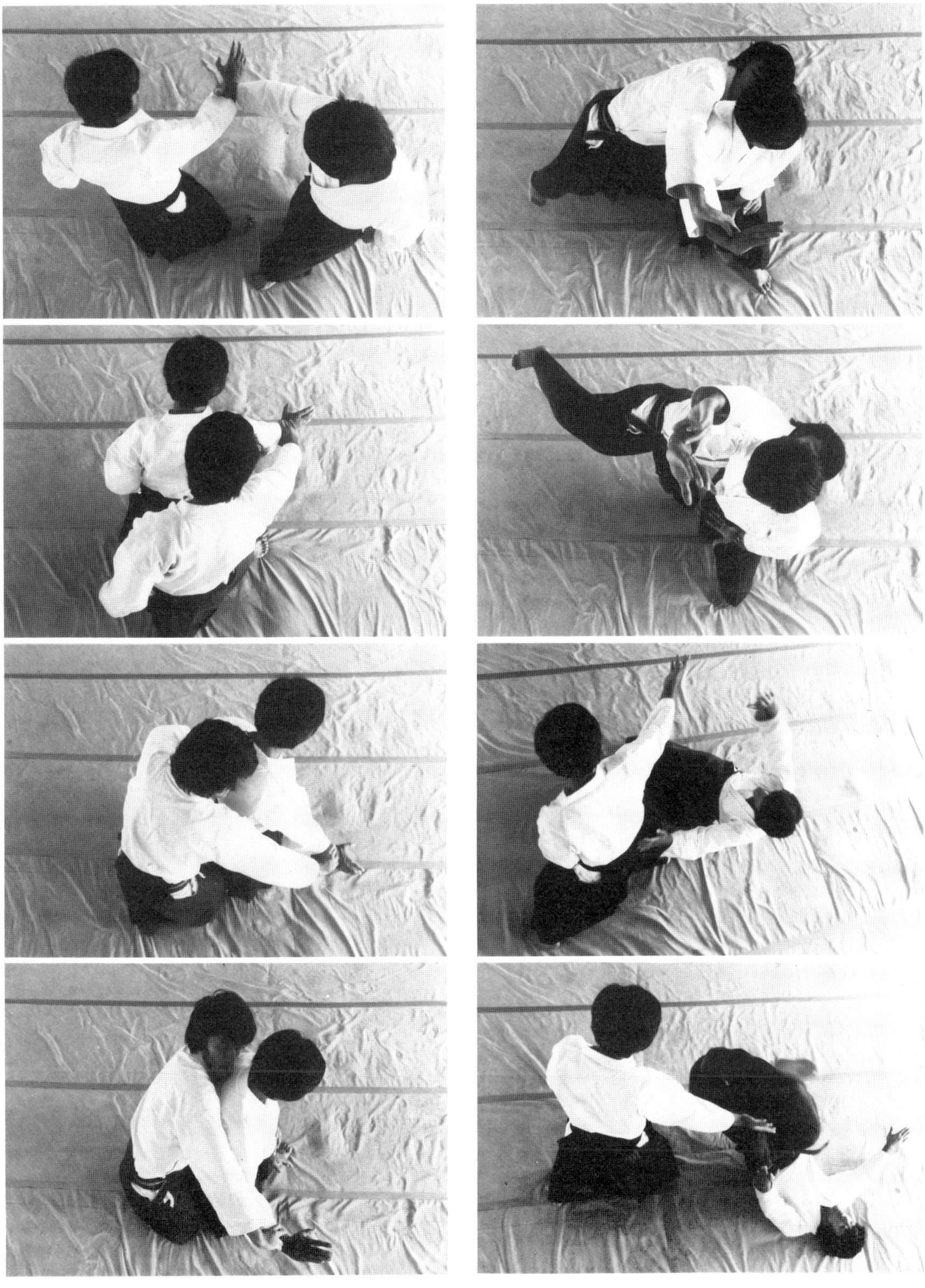

Hiroshi IKEDA, Shihan dai : UKE — USHIRO WAZA.

BUJUTSU TANREN est la pratique de la technique martiale.

CHAPITRE VII

LUTTE CONTRE L'AGRESSION ET L'ÉVOLUTION DU BUJUTSU

Les origines de l'humanité remontent à la naissance du soleil mais la race humaine prit son réel essor lorsque l'homme adopta la position debout, disposant ainsi de ses mains pour fabriquer des outils. Les mains servant aussi à attraper et à porter, la bouche, libérée de ces tâches, fut en mesure de développer cette fonction plus sophistiquée qu'est la communication et l'échange des idées. Les capacités physiques et intellectuelles de l'homme s'accrurent peu à peu. Cette évolution n'est-elle le résultat que de la sélection naturelle due aux changements de l'environnement et aux pressions écologiques ? Il est pratiquement certain que les ancêtres de nos civilisations modernes se développèrent près de l'Équateur dans la savane africaine. Les découvertes récentes dans la dépression de l'Afar en Éthiopie montrent que nos ancêtres étaient tout à fait adaptés à la position debout et à la locomotion bipède il y a trois millions d'années.

Les différences de structure constatées sur des fossiles humains datant de deux millions d'années et sur le squelette de l'homme actuel sont énormes, alors que la comparaison entre les ossements fossilisés d'animaux prélevés dans la même région à la même époque et les squelettes d'animaux de la même espèce existant encore aujourd'hui ne révèle aucun changement. L'homme est donc une créature privilégiée et ne fut pas le simple produit de l'évolution. Mi-bête, mi-dieu, il est dépeint avec une grande sensibilité sur les fresques primitives des anciennes civilisations.

L'évolution prit très vite une tournure technologique qui devait apporter changements et progrès. Branches et épines obligèrent l'homme à protéger sa nudité. Les vents et les pluies glacées ou la chaleur torride lui firent constuire des abris. Très vulnérable et la proie des bêtes sauvages, il eut besoin de la protection du groupe et développa une organisation sociale complexe, partageant la nourriture et créant un système d'entraide.

Mettant en commun connaissances et compétences pour enrichir le groupe, la société des premiers hommes se hissa au-dessus des communautés animales et commença à façonner sa propre destinée. Mais un lien très fort les rattachait au passé. Au fur et à mesure que les capacités intellectuelles augmentaient et se diversifiaient et que les dangers présentés par l'environnement et les ennemis naturels ne constituaient plus un frein au développement, les instincts d'agressivité auxquels les hommes devaient leur survie commencèrent à se manifester, mais sous des formes dénaturées et inquiétantes. Il fallait que ces instincts intacts, plus anciens et plus exigeants que l'intellect encore récent, trouvent un moyen d'expression.

Dans les premiers chapitres de ce livre, j'ai surtout introduit la notion d'harmonie propre à l'Aïkido. Cette harmonie remonte aux sources de la Création et a suivi le cours des phénomènes naturels qui ont conduit à l'apparition de l'homme sur terre, fruit de cette évolution. Cependant nous avons vu que dans cette recherche de l'harmonie le conflit, créateur lui aussi, est une étape nécessaire à la continuation du processus.

Que l'on considère l'humanité comme prisonnière de ses comportements et de ses instincts ou capable d'aspirer à une conscience supérieure lui permettant de mettre fin à ses luttes interminables, une vérité demeure : elle a traversé l'histoire dans un bain de sang.

Le moment est venu d'examiner l'Aïkido sous l'angle du conflit dont les racines puisent dans la riche terre du Japon, nourrie par le sang des guerriers. Etudier les arts martiaux classiques constitue une introduction à l'étude des origines de l'Aïkido. Vingt siècles de raffinement donnèrent naissance à un étonnant système d'éducation. De nombreux maîtres du *Bujutsu* (techniques et art de la guerre) passèrent leur vie à rechercher le lien avec la Vérité. Des centaines de milliers de guerriers périrent dans cette lutte continuelle de la sélection naturelle. Cette évolution s'inscrit en lettres de sang.

BOTOKU

On peut établir de nombreux parallèles entre le Japon féodal et les sociétés féodales occidentales. Pour le samouraï comme pour le chevalier il existait un code éthique, un idéal basé sur la loyauté, l'honneur, le sens de l'abnégation et du devoir, presque un culte. Cependant, dans le Japon féodal ces principes furent affinés à un degré tel qu'il influence encore de nos jours la conscience de la nation. Du VIIIe siècle après J.-C. jusqu'au XIXe siècle (qui marqua la fin de l'ère féodale) la conscience populaire et l'évolution du *Bujutsu* s'inscrirent dans l'ascension et la décadence de la puissance militaire. Mais la recherche des conquêtes se limita à un groupe d'îles et ne s'étendit pas à d'autres rivages. Ceci, ainsi que la durée exceptionnelle de la guerre civile explique sans doute l'apparition et le développement d'un code éthique très strict et d'une conduite guerrière fortement ritualisée.

Comme ce fut le cas dans la plupart des sociétés, le fermier abandonna ses cultures et adopta l'épée pour préserver son existence en défendant la société. Le gouvernement établi à Kyoto n'exerçait qu'un contrôle très faible et dans les régions avoisinantes, la lutte entre les pilleurs était devenue monnaie courante. La survie de l'individu dépendait de celle du clan qui elle-même dépendait de l'autonomie et des talents guerriers de ces fermiers-soldats. A la fin du XIIe siècle, dans une tentative pour enrayer les hors-la-loi qui menaçaient la nation, un grand guerrier et stratège, Minamoto Yoritomo, rassembla les propriétaires terriens des provinces et leurs armées de volontaires sous un seul et même drapeau. Il exigea d'eux une loyauté totale, qualité qui était devenue une seconde nature pour ces hommes que des guerres perpétuelles avaient mis à l'épreuve. Ils formèrent une force nouvelle, et une race de guerriers professionnels commença à se consacrer aux arts de la guerre. Adoptant le titre de *Shogun**, Minamoto Yoritomo instaura la première forme de gouvernement militaire, "*bakufu*", à Kamakura, loin de la cour impériale. Il ne voulait pas que ses "*bushi*" (ou guerriers) subissent l'influence de la vie décadente et oisive des *Kuge* (nobles de la cour) car la culture guerrière puisait sa force dans une discipline stricte et un entraînement physique perpétuel proche de l'abnégation.

CHUSEI

Le règne de Yoritomo fut un moment particulièrement propice au développement du Code du *Bushido*, nom qui ne lui fut attribué qu'au XVIIe siècle. Nourrie de Shintoïsme, de Bouddhisme, de Confucianisme et de la philosophie chinoise du *Ying-Yang*, la "voie" militaire fut enrichie de qualités spirituelles et éthiques. Deux grands temples Shinto, le

---

***Shogun** : général en chef des armées de l'Empereur, avec l'accession de Yoritomo au pouvoir, ce titre s'appliqua au dictateur militaire qui gouvernait au nom de l'Empereur.*

Temple Katori et son temple frère, le Kashima, furent les centres spirituels des écoles de sabre et des maîtres d'armes les plus illustres du Japon. La philosophie des prêtres Shinto, prolongement du principe de Kannagara, soutenait que l'action doit être la conséquence logique de toute prière. Leur mission envers Dieu était de protéger la société et dans une société en guerre, les mots seuls n'étaient d'aucune utilité. Erigé en l'an 18 du règne du 1er Souverain Jimmu, le temple Katori fut dédié à *Futsu Nushi no mikoto*. Cette divinité mythologique pacifia l'ancienne terre de Yamato (Japon), l'amenant sous le règne du petit-fils de la déesse du soleil (Ama Terasu O Mi Kami), ancêtre de la famille impériale. *Futsu nushi no mikoto*, gardien de la valeur martiale, protège aussi le gouvernement et veille à la sécurité de l'état et au bien-être social.

BUSHIDO

C'est à cette époque du *bakufu* de Kamakura que la philosophie Zen commença à influencer fortement les arts du guerrier. Elle fut adoptée par Yoritomo pour sa philosophie du détachement de l'âme et de l'absence d'ego, pour sa discipline très stricte et son grand dépouillement. Sa pratique, basée sur la spontanéité et l'intuition attira beaucoup ses bushi. Les temples favorisèrent et encouragèrent de nombreux styles de Bujutsu et jouèrent un grand rôle dans leur développement : l'art du sabre et le Zen grandirent ensemble et s'enrichirent mutuellement. Les chemins de l'esprit et ceux de la guerre se rencontraient pour former la structure et la culture de la société samouraï.

Pendant la domination militaire, le rôle de l'Empereur se transforma. Les occidentaux croient à tort que les gouvernements militaires successifs lui avaient ôté tout pouvoir. Bien que souvent manipulée, la famille royale ne fut jamais détrônée et aucun chef militaire ou politique japonais n'essaya d'accaparer le titre d'empereur. Ceci montre bien la force spirituelle que la dynastie impériale exerçait sur le peuple depuis des siècles. Cette domination spirituelle s'appuyant sur le peuple japonais lui-même issu des dieux, donna naissance aux îles et aux mers qui les baignent. Aucun *Shogun* n'aurait osé gouverner sans prêter serment à l'Empereur ou sans lui rendre visite pour obtenir son soutien.

Après la mort de Yoritomo, le poste de *Shogun* perdit beaucoup de sa puissance, aucun chef ne pouvant faire preuve d'une aussi grande intégrité que ce guerrier exceptionnel. Cependant son règne avait considérablement marqué la conscience de la nation. Le pays fut à nouveau plongé dans des luttes sans merci pour le pouvoir. Les *bushi* mirent leur loyauté au service des puissants propriétaires terriens, formant de nombreux clans mais leurs nobles idéaux cédèrent parfois aux instincts les plus bas, et l'histoire abonde en intrigues et trahisons de toute sorte. Le *Bujutsu*, dont le but initial était la protection, fut détourné par les chefs militaires afin de gagner le pouvoir tout en faisant appel au sens de l'honneur et du devoir des *bushi*. Ces derniers furent prisonniers du cycle infernal de la violence n'offrant que le déshonneur de la reddition ou les honneurs de la mort.

Je n'insisterai pas sur l'histoire du Japon, car on peut la lire dans bon nombre d'ouvrages spécialisés. Notre intérêt se porte surtout sur les comportements, les croyances et les idéaux qui permirent au guerrier de vivre sous la menace constante de la guerre et qui lui fournirent les armes de sa conquête spirituelle.

L'esprit du *Samouraï* était un esprit de sacrifice et ses vertus celles que requiert tout guerrier efficace. Convaincu que sa vie n'était rien en comparaison avec la survie et la prospérité de son clan et de sa lignée, il était prêt à verser tout son sang et vouait une obéissance et une loyauté absolues à son supérieur. L'idée de sacrifice était naturelle et si la mort pouvait contribuer au salut de plusieurs vies humaines, il l'acceptait sans hésiter. Il menait une vie austère et frugale, de peur que tout excès ne le rende inapte à la bataille et indécis devant la mort.

Comme toujours en temps de guerre, la mort dominait la pensée. Mais dans la culture particulière qui se développa dans le Japon féodal, on mettait davantage l'accent sur la manière de donner la mort ou de la recevoir que sur la mort elle-même. Son premier devoir étant de se trouver sur le champ de bataille et de braver la mort, le *samouraï* était le guerrier le plus redoutable, le plus fanatique, sans égards pour sa propre vie. S'étant juré de lutter jusqu'à la victoire ou à la mort, la capture ou la défaite constituait pour lui le plus grand des déshonneurs. Plutôt que de vivre dans la honte, un vrai samouraï se donnait lui-même la mort dans un acte rituel dénotant un immense courage.

Le choix du *seppuku* ou éventration est une forme de suicide atrocement douloureuse qui puise ses origines lointaines dans la culture japonaise. La partie inférieure de l'abdomen ou *hara* est le siège du courage et aussi celui de la conscience matérielle, de l'esprit et de l'âme. C'est l'endroit du corps où l'énergie physique et spirituelle naissent et se rejoignent. Un Occidental dit qu'il lit dans les pensées d'un autre, mais un Japonais dira "*hito no hara wo yomu*", c'est-à-dire lire dans l'abdomen de quelqu'un. De celui qui a des mauvaises pensées, on dira qu'il a un abdomen noir, "*hara ga kuroi*". Le *seppuku* n'était pas seulement une preuve de courage, marquant la détermination du guerrier à se donner la mort lui-même, mais il révélait aussi la sincérité et la pureté de son cœur et de son esprit. Entraîné à ce rituel depuis l'âge de quinze ans, le *samouraï* écrivait parfois spontanément un poème d'adieu au moment de sa mort, pour montrer son sang-froid.

切
腹

SEPPUKU

Non seulement le *samouraï* mourait volontiers sur le champ de bataille mais il se donnait lui-même la mort lorsqu'il échouait dans une mission importante ou quand il commettait une faute risquant de déshonorer son clan ou son nom. En tant que guerrier, il avait pour rôle de protéger l'honneur et la survie du groupe. Il plaçait toute sa fierté dans son sens du devoir et la mort était préférable à la honte.

Cette attitude face au suicide illustre plus que toute autre une des différences majeures qui opposent les croyances spirituelles des cultures japonaises et occidentales. Ces derniers considèrent le suicide comme un péché mortel, la vie étant un don de Dieu que l'homme doit à tout prix préserver. La culture japonaise considère aussi la vie comme un don précieux, mais si l'homme la couvre de honte, il lui appartient de remédier à ses transgressions et d'obtenir le pardon divin de sa propre main. Et qui faillirait à l'exécution de cette punition insulterait Dieu, son clan, sa famille, ses ancêtres et sa descendance. Recevoir la mort par la main d'un autre serait un acte encore plus honteux : le fait d'être jugé coupable par un autre que soi constituerait une intrusion impardonnable dans sa vie et dans son esprit. Le *Samouraï* était son propre juge et son propre bourreau pour sauver son honneur et montrer que son cœur était pur même si ses actions ne l'avaient pas toujours été. Cet acte final de purification laissait à la postérité un nom et une réputation sans tâche.

Se fiant autant à ses croyances spirituelles qu'à ses talents de guerrier, le *samouraï* savait que la mort ne mettait pas un terme à son existence matérielle ou spirituelle. Pour lui, point de justice ou d'injustice, seules existaient les lois immuables de cause à effet. La vie se renouvelait sans cesse et, comme les vagues infatigables de l'océan, il déposait à chaque fois une parcelle de son expérience sur les rives du futur. La réincarnation offrait une autre occasion d'affiner son esprit et de se rapprocher de la perfection divine. Le *samouraï* était intimement convaincu que chaque seconde contenait non seulement le présent mais aussi la richesse du passé et la promesse du lendemain. Confronté avec la réalité permanente de la guerre, sa défaite était certaine si ses pensées s'attardaient sur des actions passées ou s'inquiétaient des situations à venir. En vivant pleinement chaque instant, comme s'il était le premier et le dernier, il purifiait son passé et préparait l'avenir.

Même dans les détails les plus insignifiants de la vie quotidienne, le guerrier vivait comme si sa dernière heure était arrivée. Au réveil, il se baignait, parfumait sa chevelure, coupait et limait ses ongles avec le plus grand soin, nettoyait et polissait son sabre et son poignard. Ces soins personnels ne dénotaient pas une coquetterie et une élégance futile : il savait qu'aujourd'hui peut-être, la mort l'attendait sur le champ de bataille. S'il tombait devant l'ennemi dans un état de négligence physique, il révélait un esprit relâché et n'inspirait que le mépris. C'est pourquoi avant la bataille, il appliquait sur son visage de la poudre rouge afin qu'une fois mort, il ne reflète que la santé. Le *samouraï* s'efforçait toujours de maintenir face à l'ennemi une attitude de fierté et de respect.

Quand au cours de la bataille le samouraï sentait que la défaite était inévitable, il se retirait dans un endroit calme, à l'écart des combats et se donnait la mort. L'ennemi n'allait pas à sa poursuite, mais avec un respect *sincère*, il le laissait accomplir cet acte de suprême loyauté. Si pour l'étape finale du *seppuku* il n'était pas secondé par un des siens, un guerrier ennemi se joignait à la cérémonie et d'un coup franc et net mettait fin à son agonie en lui tranchant la tête. Cette tâche était accomplie avec le plus grand respect pour le courage et la fierté de l'adversaire. Le *samouraï* ne recherchait qu'un ennemi valeureux et expérimenté. L'adversaire était son inspiration et l'obligeait à ajuster et parfaire sa technique, de même que l'ennemi naturel affine sa proie. Peu importait l'issue du combat : si l'ennemi était fort et noble, la victoire avait un sens. Mais s'il était faible et lâche, elle n'avait aucune valeur et la défaite constituait alors le pire des deshonneurs. Quand deux guerriers étaient prêts à s'affronter, chacun annonçait son nom, sa lignée, son *ryu* (école de sabre), remerciait celui qui avait forgé son arme et proclamait son intention d'emporter la victoire. L'ennemi n'était pas déshumanisé par la haine et la peur ou transformé en un corps sans âme. Il était glorifié, l'amour et la haine ne faisant qu'un.

L'issue de tout combat opposant des guerriers aussi farouches et décidés que les *samouraï* ne dépendait pas de leur simple force physique. Les éléments déterminants comme le timing, l'intuition, une disponibilité et une spontanéité totales et une grande confiance étaient le résultat d'un entraînement très rigoureux et d'une pratique constante sur le terrain. Les techniques de combat dont dépendaient la vie et la mort étaient étudiées inlassablement et il arrivait qu'après des années de pratique au cours desquelles il avait plusieurs fois frôlé la mort, un grand guerrier ait une sorte de révélation spirituelle. Il percevait alors l'essence de la stratégie. Attribuant sa clairvoyance à la bienveillance d'un Bouddha ou d'une divinité Shinto, il choisissait un sanctuaire et en faisait une école d'armes. Ces maîtres éclairés furent les Grands Maîtres et les fondateurs des *ryu* martiaux.

HOKORI

Pour le guerrier, l'étude des techniques spécialisées enseignées dans le *ryu* avait un pouvoir de vie ou de mort. Elle lui donnait l'assurance et la confiance, car c'était un privilège de s'entraîner à des techniques et des stratégies qui avaient fait leurs preuves sur le champ de bataille. Le guerrier aiguisait ses réflexes, recherchant une liberté de mouvement totale lui permettant de faire face à toute éventualité sans être prisonnier de l'ego et de la pensée. Le *ryu* ne transmettait pas seulement l'étude des techniques de combat. C'était un ensemble de principes inculquant les valeurs martiales du sacrifice, de la courtoisie, du courage, de la discipline et de la patience. Le guerrier essayait de polir son esprit en mettant en pratique ces vertus dictées par le fondateur du ryu qui en général était investi d'une clairvoyance divine. L'entraînement quotidien ou Shuygo, consistait à purifier le corps et l'âme.

Chaque école gardait jalousement ses secrets et certaines techniques n'étaient enseignées qu'aux guerriers les plus sûrs et les plus valeureux, car si elles tombaient aux mains de l'ennemi, la défaite était certaine. La plupart des disciples n'avait pas accès aux techniques les plus secrètes et rares furent ceux

John MESSORES : UKE

qui survécurent aux batailles et purent décrire la noblesse et la puissance dont ils avaient été témoins. Les guerriers ayant atteint cette force mystérieuse furent l'objet de nombreuses légendes.

L'étude du *Bujutsu* servait non seulement à polir l'esprit mais aussi à affronter la mort sans crainte et à détruire l'ennemi. Comme nous l'avons vu, ce système conçu à l'origine pour protéger la vie et la famille des agressions extérieures, se transforma en un instrument de pouvoir et de domination, entraînant d'innombrables souffrances et créant une hiérarchie sociale érigée sur des milliers de cadavres. C'est toujours pendant les périodes de troubles que naissent les grands chefs et les grands peuples. Cette époque de l'histoire du Japon fut riche en hommes intègres et valeureux mais elle fut aussi déchirée par les trahisons et les machinations de ceux qu'animaient la cupidité et l'ambition.

A cette époque, le caractère chinois "bu" fut trop souvent associé à la guerre. En fait la traduction la plus ancienne et la plus fidèle de ce caratère est "gouverner et protéger le peuple" et par conséquent veiller à la prospérité de la société. Ceci apparaît dans la fonction de l'ancienne divinité du temple Katori, Futsu mushi no mikoto. Dieu de la guerre et de la valeur martiale, c'est lui qui veillait à la sécurité publique et à l'essor du pays. Le titre de *samouraï* vient du verbe *samuru* qui signifie servir et protéger. Le samouraï était avant tout un homme d'épée, un aristocrate entraîné aux différentes techniques de combat, la guerre étant une réalité quotidienne. Mais la classe militaire était aussi la classe dirigeante et avait des responsabilités civiles et administratives. Au mieux, le *samouraï* mettait un point d'honneur à s'acquitter honorablement de ses fonctions. Au pire, c'est avec son sabre qu'il réglait les problèmes. Le pouvoir est source d'arrogance et dans leur ascension sociale, les *samouraï* oubliaient parfois leurs humbles origines. Craints et respectés, ils inspiraient cependant la méfiance du peuple.

Takeda Shingen, un grand *daimyo*, guerrier sans égal et brillant statège du milieu du XVIe siècle constitue un exemple notoire de dévouement à la cause publique. Beaucoup estimèrent que si les montagnes et la grande distance qui le séparaient de la cour impériale n'avaient été un obstacle, Takeda aurait facilement pu devenir *Shogun*. Pour lui, les conflits ne devaient pas se résoudre dans un bain de sang et il enseigna la stratégie et la diplomatie à ses soldats. Vivant au milieu des montagnes, il refusa de se faire construire un château et eut pour devise : "le peuple est ma forteresse : la loyauté et le dévouement sont plus forts que des murs de pierre." Takeda Shingen inventa de nouveaux systèmes de barrage, de canaux d'irrigation et apprit aux paysans comment protéger les berges des rivières en les bordant de filets de bambou remplis de cailloux.

Il savait que, quelles que soient la grandeur et la puissance d'un individu, il dépendait constamment des compétences et de l'aide des autres. Rempli de bienveillance et de clairvoyance, il était aussi très strict et détestait la violence. Il considérait les duels de ses officiers comme un étalage vulgaire et un gaspillage de talent militaire. Ce type de violence risquant de contaminer la société toute entière, la pratique du duel fut bannie. Le vainqueur était jugé coupable et, privé du droit de seppuku, il était condamné à la crucifixion. Partisan de la paix, il fut néanmoins contraint par les événements de mener ses guerriers dans de nombreuses batailles. En 1573, il fut tué d'une balle : les premières armes à feu avaient fait leur apparition avec les Européens, trente années auparavant.

Durant ces périodes troublées de lutte pour le pouvoir, les armes à feu furent rapidement adoptées, mais les *bushi*, qui révéraient l'honneur et le sang-froid plus que tout, se rendirent compte que tuer avec un canon ne faisait nullement appel à ces qualités. Avec un sabre, le destin d'un homme dépendait de son habileté, son intuition, la progression spirituelle de son entraînement. Les conflits au sein d'une bataille étaient personnels, et le guerrier se trouvait face à face avec l'ennemi qui lui donnait l'inspiration nécessaire. De nombreux récits héroïques sont construits sur ce thème.

Le sabre, symbole de la classe des *samouraï*, était une œuvre d'art d'un raffinement jamais égalé dans aucune autre société. Un sabre fabriqué par un grand artiste était considéré comme le bien le plus précieux. Le *samouraï* ne portait ni bagues ni médailles pour afficher son rang et sa valeur martiale était représentée par les deux sabres qu'il portait à son côté. Ils étaient l'âme du samouraï.

Avant de forger chaque lame, le maître forgeron procédait à une cérémonie de purification suivant un ancien rituel Shinto de misogi. L'acier était purifié par le feu et l'eau, plié et retourné jusqu'à être débarrassé de ses impuretés. Chaque lame était unique et sa matière, bien que lisse et froide, était animée par le feu qui l'avait forgée. Le sabre, un des trois symboles spirituels de la nation nippone reflète dans sa lame sagesse et honnêteté. Noble et tranchant, souple et clair, voilà les qualités auxquelles aspirait tout guerrier.

Un sabre est utilisé avec efficacité lorsque les mouvements du corps se conforment naturellement à l'esthétique et à l'économie du geste, et à l'utilisation judicieuse de l'espace. S'inspirant de la philosophie de la voie du *Kannagara*, le *samouraï* ne séparait pas le monde matériel du monde spirituel. Un corps élégant et raffiné dénotait un esprit subtil et pénétrant et en améliorant ses compétences physiques, il affinait son esprit. Ce fut l'une des tentatives les plus nobles parmi les sociétés féodales pour transcender et contrôler l'agressivité et pour établir un code moral. Reconnaissant toutefois leur efficacité, la plupart des *samouraï* laissèrent les armes à feu aux classes inférieures des fermiers (*ji-samouraï*) et continuèrent à donner l'assaut munis de leurs sabres. Pour ceux qui désirent en savoir plus sur ce phénomène sans précédent, la lecture de l'excellent petit livre de Noël Perrin "GIVING UP THE GUN" apportera de précieux éléments.

KATANA

C'est aussi à cette époque que les grands chefs firent leur apparition et, dans une succession de guerres et d'intrigues politiques, ils luttèrent pour unifier le Japon et fonder un gouvernement central. Commencée par Oda Nobunaga et poursuivie par Toyotomi Hideyoshi, l'œuvre de réunification fut menée à bien par le puissant Tokugawa Ieyasu. A cette époque, les lois et les coutumes étaient impitoyables, les libertés inexistantes et l'ascension sociale pratiquement impossible, mais le peuple connut enfin la paix et la prospérité pour la première fois depuis le *bakufu* de Kamakura.

Le Shogun Tokugawa Ieyasu, dont les connaissances sur la nature humaine et la stratégie politique étaient très étendues, instaura de nombreuses réformes. Il contrôla l'ambition des *daimyo* et assura la succession du shogunat Tokugawa et avec elle la paix prolongée dans toute la nation. Il occupa les puissantes familles guerrières à construire et à développer des villes au lieu de fortifier leurs châteaux. Les sommes destinées à l'armement furent utilisées pour fournir du travail à la population qui dès lors jouit d'une prospérité et d'une liberté plus grandes que celles des *samouraï*. Ieyasu élabora un programme de contrôle des armes à feu, ce qui ne fut pas sans déplaire à la classe des *samouraï*.

Cependant le Japon était affaibli par des conflits sans fin et la population manifestait des signes de lassitude. La soif de puissance des *daimyo* était telle que des batailles continuelles avaient mis le pays à feu et à sang, le peuple vivant dans la peur et l'insécurité. A cette époque, toute invasion européenne eût été désastreuse. Les chefs militaires et politiques conscients de l'emprise croissante de l'Europe en Asie décidèrent de prendre des mesures radicales. C'est avec Hideyori, le second shogun Tokugawa, que le Japon se ferma à l'influence occidentale pour une durée de 263 années, correspondant aux règnes de quatorze shoguns successifs.

Tokugawa Ieyasu, comme Minamoto Yoritomo avant lui, comprit l'attachement des soldats pour le passé et les vertus et talents de la guerre. Il savait que promouvoir les vertus martiales reviendrait à encourager et développer l'esprit de loyauté : les traditions guerrières étaient tellement enracinées dans la conscience du samouraï qu'il fallait le laisser exprimer son instinct du combat tout en élaborant un modèle d'éducation cultivant le sens des responsabilités. Pour ce faire, il dota la classe militaire d'un code de conduite très strict, la chargeant de lourdes obligations officielles. S'acquittant de leurs devoirs à la cour, recherchant les faveurs du shogun, et plongés dans l'étude du Bujutsu, de la littérature et des arts traditionnels, les militaires ne disposaient pas de temps pour organiser la rébellion. En l'absence de conflits, d'autres talents pouvaient enfin s'épanouir. Tokugawa proclama que le sabre et le pinceau ne faisaient qu'un et les *samouraï* s'adonnèrent aux arts avec la même ferveur et le même esprit dont ils avaient fait preuve à la guerre.

Le *Bujutsu* subit des transformations subtiles mais importantes. De nombreux grands maîtres du ryu traditionnel assistèrent au développement des armes à feu et virent en ce nouveau type de stratégie l'avènement d'un système d'armement plus puissant et destructeur. Que pouvait faire un homme armé d'un sabre ou d'une lance contre cette nouvelle vague de puissance? Les grands maîtres étaient avant tout réalistes et se rendirent compte que l'étude du *Bujutsu*, des techniques de la guerre, devait se transformer en *Bushido*, l'étude de la chevalerie et de la protection. Le courage, l'honneur, la loyauté, la force physique et spirituelle étaient maintenant employés à former les guerriers de la paix, à établir un code moral et une structure sociale stable. La sélection était devenue très rigoureuse, et seuls ceux qui avaient les qualités requises, et qui provenaient d'un milieu de *samouraï* étaient acceptés comme disciples.

Le gouvernement Tokugawa avait exercé un contrôle très strict sur le développement des nouvelles armes, mais il n'en fut pas de même dans le reste du monde. L'arrivée du Commandant Perry et sa flotte dans la baie de Tokyo en juillet 1853 déclencha un mouvement de panique à Edo, où siégeait le gouvernement. En effet, Edo se trouvait sans défense dans le champ de tir des canons de la flotte américaine. Une lettre du Président des États-Unis fut remise au quatorzième shogun de Tokugawa, demandant l'ouverture des relations commerciales. Perry promit de revenir l'année suivante pour chercher une réponse.

Des dissensions agitèrent l'opinion. La majorité était décidée à expulser les "barbares" mais beaucoup n'avaient pas vu les navires américains et ne soupçonnaient pas l'existence d'une telle puissance. Ceux qui avaient assisté à l'arrivée de Perry et de sa flotte comprirent que le canon était une arme absolue, et que le Japon ne pouvait rivaliser avec le reste du monde. C'est ainsi qu'Edo, ignorant les conseils de l'Empereur et des daimyo, succomba à la demande des États-Unis.

Depuis la moitié du XVIIIe siècle, des sentiments de nationalisme et de mécontentement envers les lois sociales périmées avaient émergé de la société féodale. Les Fudai daimyo (vasseaux héréditaires qui avaient été les alliés de Tokugawa en 1600) établis autour du palais à Edo se consacrèrent aux études littéraires et aux tâches administratives du shogunat. Vivant dans l'opulance et le luxe, ils n'avaient jamais connu les épreuves de la guerre. La plupart d'entre eux étaient devenus des chefs militaires sans envergure. Au contraire, les Tozama daimyo (descendants des familles qui avaient lutté contre Tokugawa en 1600) s'étaient installés loin d'Edo, et menaient sur leurs terres une existence plus simple et plus disciplinée. Eux non plus ne connaissaient pas la guerre, mais ils aspiraient aux idéaux du guerrier et s'adonnaient quotidiennement à la pratique des arts martiaux. Encore avides de venger leur défaite contre Tokugawa survenue plus de deux siècles auparavant, ils se rallièrent à l'Empereur au cri de "Révérons l'Empereur, expulsons les barbares."

Au mois de mai 1863, après l'adoption des canons, le samouraï Choshu chassa un bateau de commerce américain, deux navires de guerre, un hollandais et un français, qui traversaient le détroit de Shimonoseki. L'année suivante, Shomonoseki fut bombardée par une flotte mixte américaine, hollandaise et française. Après cette année de défaite, les chefs militaires se rendirent compte que la solution de l'expulsion n'était pas réaliste. Avec l'aide des samouraï des provinces, ils renversèrent le shogunat de Tokugawa et se lancèrent dans la fabrication d'armes plus puissantes.

Les Anglais voulaient soutenir l'Empereur à Satsuma et à Choshu et les Français souhaitaient s'allier avec Tokugawa mais ce problème ne devait être réglé que par le Japon lui-même. Les deux camps refusèrent le soutien étranger, comprenant qu'il risquait par la suite d'entraîner une colonisation. Ils achetèrent les armes et livrèrent leur propre guerre. L'expérience de la Chine et de toute l'Asie face à la domination occidentale leur avait servi de leçon. Bien qu'en désaccord sur les méthodes employées, les deux partis avaient pour but d'unifier le Japon et de le protéger contre les agressions extérieures.

Pendant la restauration Meiji, de nombreux récits de bravoure circulèrent dans les deux camps. La tradition ne meurt pas facilement et bon nombre de samouraï périrent le sabre à la main, refusant d'admettre la supériorité des armes modernes. Le conflit fut résolu et le Japon unifié avec l'accession au trône de l'Empereur Meiji. Il devenait évident que l'isolationnisme datant du XVIIe siècle ne pouvait plus fonctionner dans le Japon moderne. Après l'humiliation subie lors de la pénétration étrangère, les Japonais se rendirent à l'évidence : il fallait étudier les nouvelles idées et la technologie.

La faculté d'adaptation qui caractérise l'esprit nippon permit la mise en œuvre de transformations très rapides. Cette métamorphose n'alla pas sans poser des problèmes, mais l'emprise des vieilles coutumes s'estompa et très vite les forces s'unirent pour former une nation puissante et dynamique. Les anciennes structures de classe furent abolies et un nouvel ordre social fut instauré. De nombreux *samouraï* occupèrent les postes clé du gouvernement et de l'armée. Avec l'abolition des privilèges, les nouveaux éducateurs ne furent plus choisis en fonction de leur rang social mais pour leurs compétences réelles et leurs qualités morales.

La nation fut si occupée à assimiler la nouvelle culture occidentale qu'elle n'avait guère de temps à consacrer aux études traditionnelles. Cependant le peuple réalisa que sa plus grande force résidait dans son identité nationale et pendant le processus de modernisation, on assista à un renouveau du *Bushido* et des disciplines artistiques traditionnelles. L'esprit du *samouraï*, n'étant plus le privilège d'une élite, constitua l'héritage de la nation toute entière. Dans son ouvrage "*Modern Bujutsu and Budo*", Donn Draeger cite un des spécialistes du Budo en tant que systèmes d'éducation pour la société Meiji : "Le Bushido était une éducation aspirant à l'héroïsme stoïque, à la simplicité, à un esprit de sacrifice inégalé à Sparte, ainsi qu'au culte de l'esthétique et du raffinement intellectuel qu'on pouvait rencontrer à Athènes. L'art, la délicatesse des sentiments, les valeurs morales et philosophiques ainsi que le courage suprême de la chevalerie, tous ces éléments s'associaient pour créer l'homme idéeal.

Un des exemples les plus subtils de la force d'adaptation qui caractérise la période Meiji et l'homme idéal fut Yamaoka Tesshu. Maître du ryu d'Itto et de l'école Muso de Kenjutsu, il était aussi moine Zen et maître en calligraphie. Au début du conflit, il s'opposa à la puissance Meiji, soutenant Tokugawa, mais restant avant tout loyal envers la nation. Maître de Kenjutsu très réputé et respecté, Yamaoka Tesshu était aussi connu pour son intégrité et sa générosité. Acceptant son aide, le gouvernement l'envoya à Choshu et à Mito en tant que médiateur et

Photo : Ben ROSE

pour apaiser les querelles et les dissenssions qui déchiraient les gouvernements locaux. Indifférent à la richesse et dénué d'ambition, Tesshu menait une vie très simple et donnait la plupart de ses revenus aux pauvres.

Un jour, un capitaine de la nouvelle armée à Choshu lui demanda : "Comment le *Kenjutsu* peut-il être efficace contre la puissance d'un canon?" Tesshu sourit et répondit : "Je vois bien que la guerre a changé de style. Mais je continue de m'entraîner au *Ken*. Le but de mon entraînement n'est pas de battre l'ennemi : je m'entraîne moi-même. Le fusil et le canon ne sont que des instruments. Tu te sers des armes nouvelles mais ton sang est encore celui d'un samouraï. Il faut s'entraîner au *Bujutsu* pour découvrir sincérité, loyauté et honneur, et se détacher de la vie et de la mort. Les nouvelles armes ne peuvent discipliner et développer l'esprit car elles ne sont pas le prolongement du corps humain."

Toute sa vie durant, Tesshu demeura loyal envers son *sensei* de l'école Itto, Yamaoka Seizan. La force physique et spirituelle qu'il avait acquise avec ce grand maître constitua une dette dont il s'acquita même après la mort de ce dernier. Tesshu épousa la sœur cadette de Seizan, celui-ci n'ayant jamais eu d'enfants, et prit son nom afin que sa descendance puisse honorer la postérité.

Après la mort de Seizan, des rumeurs circulèrent sur son fantôme. Son frère, voulant en avoir le cœur net s'aventura dans le cimetière un soir. Il vit Tesshu se diriger sous une lune voilée vers la tombe de son maître et l'entendit lui parler, comme il l'avait fait toutes les nuits depuis sa mort. Le vent rassembla les nuages et très vite, les larmes se mirent à couler sur le visage du frère de Seizan, se mêlant à la pluie : il vit Tesshu enlever son manteau, le poser doucement sur la tombe de son maître bien aimé et s'agenouiller pour prier.

A l'époque de son accession au trône, l'Empereur Meiji n'était q'un jeune adolescent. Pour parachever son éducationd'Empereur (*Tei O Gaku* : la Sagesse de l'empereur) et développer les qualités spirituelles qui lui vaudraient l'amour et l'admiration du peuple, on lui donna comme conseillers les meilleurs maîtres d'armes du pays. Ils pouvaient insuffler à ce jeune esprit, force, purete, dignité et contrôler son ego et son ambition personnelle. Yamaoka Tesshu fut l'un d'entre eux.

Le jeune Empereur aimait les fêtes et menait une vie dissipée. Un soir, las de voir celui qui un jour serait le guide spirituel de la nation se comporter de la sorte, Tesshu se cacha dans une allée aux abords du palais et attendit son retour. Quand celui-ci approcha, Tesshu bondit hors de sa cachette et, l'empoignant violemment, le jeta dans la boue. Furieux, l'Empereur s'écria : "Arrête, je suis l'Empereur! Tu seras condamné pour cet affront." Mais Yamaoku le saisit à nouveau et le fit tomber à terre en disant : "Mon Empereur? Tu mens! Comment oses-tu t'appeler mon Empereur? Mon Empereur ne se promène pas ivre dans les allées du parc sous le manteau de la nuit. Tu es un voleur! Je vais te donner une leçon que tu n'es pas prêt d'oublier". S'attaquer à l'Empereur était un crime impardonnable et Yamaoka Tesshu savait qu'il serait sans doute contraint d'accomplir le *seppuku* pour cette faute. Le jeune Empereur, voyant que Tesshu se moquait des conséquences de sa conduite, comprit qu'en agissant de la sorte il avait eu comme unique souci son éducation et l'avenir du pays. C'est pourquoi l'incident fut passé sous silence.

L'Empereur Meiji s'entraînait au *Sumo* et aimait exhiber sa force et mettant ses conseillers et son personnel au défi et en les projetant à terre. Naturellement, personne n'osait le mettre dans l'embarras et il gagnait toujours. Sans doute, encore vexé par la leçon que Tesshu lui avait infligée dans les jardins du palais, l'Empereur le mit au défi. A la surprise générale, Tesshu le renversa aussitôt - on n'avait jamais assisté à un tel affront à la cour. Plus tard, Tesshu sermona l'Empereur : "La compétition et l'étalage de la force de l'ego ne sont pas dignes de ton rang, ce genre d'attitude est celle d'un enfant". Après dix années de loyaux services à la cour en tant que haut dignitaire, Yamaoka savait qu'il

---

* ***sensei*** : *plus qu'un professeur enseignant la technique, le sensei est un guide spirituel conduisant sur la Voie. Littéralement, sensei signifie : "né avant".*

venait de perdre son poste. Sans regrets pour les richesses et son rang, il quitta le palais, se consacra à son Dojo et, sur les traces de son maître Seizan, initia ses disciples aux Voies de la chevalerie et du Sabre.

En mûrissant, l'Empereur Meiji, s'acquitta pleinement de ses responsabilités et de ses devoirs à la tête de la nation. Il devint l'un des empereurs les plus aimés et respectés que le Japon avait jamais connu. Son caractère avait été forgé par les traditions de loyauté et du devoir que Yamaoka Tesshu et ses autres excellents maîtres lui avaient inculqués. Son règne se déroula sous le signe de la justice, de la compassion et de l'amour de son peuple.

Comme Tesshu l'avait souvent suggéré, le *Budo* devint une matière obligatoire dans toutes les écoles secondaires. Le *Budo*, libéré de la peur et de l'insécurité de la société féodale, constitua un système éducatif visant à développer la discipline, la force de caractère des enfants de tous les milieux. Le maître de *Budo* devint un éducateur spirituel et joua un rôle important dans la société moderne. Cette éducation, autrefois l'apanage des samouraï, était enfin devenue accessible à tout un peuple.

KYOIKU BUDO : KYO signifie enseigner. IKU : grandir. BUDO est la voie de la chevalerie et de la protection KYOIKU BUDO est l'éducation de cette voie.

CHAPITRE VIII

LE BUDO OU L'ÉDUCATION DE L'INSTINCT

C'est à cette époque de plein essor du *Budo* que Morihei Ueshiba commença sa recherche de la voie et se mit à étudier de nombreuses disciplines du *Bujutsu* : sabre, bâton, lance et les techniques à mains nues. Il parvint à les maîtriser avec une rapidité étonnante, allant au cœur même de chaque discipline. Sa modestie, sa sincérité et son dévouement furent constants et ses professeurs lui livrèrent les secrets de leur art. Il étudia dans les écoles de sabre Yagyu et Itto et dans l'école de Hozoin pour la lance. Mais c'est So aku Takeda, descendant direct de Takeda Shingen qui exerça sur lui la plus grande influence et lui transmit les enseignements de cette vieille famille guerrière. Il l'initia à l'*otome waza,* aux secrets des *daito ryu* et la reconnaissance de Ueshiba fut sans bornes. Même dans sa communauté de Shirataki, il trouva le temps de se consacrer à la vie stricte de disciple et de veiller au bien-être de son sensei.

OTOMEWAZA

Ayant vécu la vie d'un guerrier, Takeda Sensei était particulièrement sensible aux détails de la vie quotidienne, y compris la préparation de sa nourriture. Il redoutait toujours l'éventualité d'un empoisonnement car il s'était fait de nombreux ennemis. Seul Morihei Ueshiba avait gagné sa confiance et chaque jour, bien que vivant à part avec sa famille dont il avait aussi la charge, il venait préparer les repas de son maître et veillait à l'entretien de sa maison. Ueshiba mesura l'étendue de la paranoïa de son maître qui, ayant tué plusieurs fois de ses propres mains, était hanté jour et nuit par le souvenir de ses crimes. Ueshiba fut profondément impressionné par les manifestations constantes de son remords et de sa peur. Sa loyauté envers lui demeura absolue et son dévouement sans bornes lui valut le respect et l'admiration des maîtres de Budo à travers tout le Japon.

Cependant, dans chacune des disciplines martiales, il manquait une dimension spirituelle. Le *Budo* enseignait une connaissance approfondie et une incroyable volonté mais qui étaient fondées sur la destruction. Conçu et développé pour protéger la vie et promouvoir la prospérité, le sens initial du mot *Bu* était clair, mais avait été déformé par l'égoïsme et l'agressivité. Instrument de l'ambition et du pouvoir, il n'apportait plus aucune sécurité. L'apparition d'une nouvelle technique plus efficace que les précédentes entraînait obligatoirement l'élaboration d'une autre forme encore plus redoutable qui venait s'opposer à la première. On rencontrait toujours un adversaire plus fort, plus rapide que soi. Le *Budo* n'offrait que l'alternative primaire de la victoire ou de la défaite. La victoire ne pouvant provenir de la mort de l'adversaire, il fallait donc le battre et la défaite devenait la conséquence logique de cette compétition sans issue.

L'ego, que le *Ryu* s'efforçait de maîtriser, était bien vivant et revêtait avec ruse l'apparence de la loyauté et de l'honneur. Dans son analyse de l'évolution du *Bujutsu,* O Sensei vit qu'une conscience suprême essayait de se dégager de ces enseignements mais qu'il restait beaucoup à faire.

Chaque *ryu* enseignait des principes secrets, une science de la perception ne se bornant pas à la technique mais faisant appel à la création plutôt qu'à la destruction et à l'union des forces plutôt qu'à leur opposition. De tout ceci se dégageait la vague promesse d'une harmonie suprême. Les souffrances causées par le dur entraînement d'O Sensei étaient grandes mais ses épreuves spirituelles le tourmentèrent davantage. Peu à peu, une idée commença à se dessiner mais dès qu'il s'apprêtait à la saisir, elle lui échappait aussitôt. Elle était comme la lumière vacillant dans les profondeurs d'un rêve à moitié estompé, comme la vision floue d'une photo dont le second plan a résisté à la mise au point.

Il décida de se retirer dans la montagne pour prier et aller à la recherche de l'essence divine qui habitait son esprit. Il s'entraîna avec acharnement, allant jusqu'à la limite de sa force physique. Son corps et son esprit une fois vidés et purifiés, la lumière aveuglante de la réalité inonda son âme : il avait atteint la vérité et il plongea tous ses sens jusqu'à satiété dans cette délectation suprême. Il était entré en communication directe avec la nature : il percevait le chant des oiseaux dans un langage qui était le sien, et en contemplant la voûte céleste il ressentait le mouvement et la vibration des galaxies à travers tout son être. Il n'était plus seulement un homme mais l'expression de la vérité de de la puissance divine de l'Univers.

Il versa des larmes de joie et de soulagement : il avait compris que le Budo est la protection de toute vie, l'amour et la volonté de Dieu s'exprimant dans les mouvements du corps et dans la pureté de l'esprit.

Il ne peut y avoir d'ennemi : l'homme est son propre ennemi.

Malheureusement, l'histoire de l'humanité va à l'encontre de cette vérité et ne présente qu'une succession de guerres destructrices. Pour beaucoup, cette violence est inévitable et l'homme est dominé par un instinct d'agressivité vieux de plusieurs millions d'années. S'en prendre à cette violence primaire est une fausse excuse et ne tient pas compte de ce qui différencie l'homme du reste du monde animal : il a certes hérité de son instinct de survie mais il a aussi été doté d'un esprit créatif et de la faculté d'apprendre et de raisonner.

Par malheur, le développement spirituel de l'humanité ne put rattraper son développement intellectuel : l'histoire prouve que la connaissance se met au service de la destruction et que les grandes découvertes sont liées à la soif de domination et de puissance. Inscrits dans nos gènes, nos instincts d'agressivité doivent se libérer et nous pouvons choisir dans quelle direction les canaliser. Cette liberté est une lourde responsabilité car en l'absence d'une lutte pour la survie, nous devons créer nous-mêmes nos propres défis.

Face aux progrès technologiques O Sensei s'émerveillait : "Dans le passé, le concept d'harmonie mondiale tel qu'il était enseigné par les grands chefs spirituels, n'était sans doute qu'un exercice de logique, une vision de l'esprit. Comment les gens pouvaient-ils comprendre qu'à 2000 km existait une culture, des coutumes et des croyances différentes des leurs ? Maintenant, au XXe siècle la perspective est autre et grâce à la technologie nous pouvons analyser la formation des continents, comprendre des cultures différentes, étudier leurs langues et leurs problèmes. Nous ne pouvons plus faire marche arrière et devons tirer parti de ce rétrécissement du monde. Le concept d'harmonie mondiale n'appartient pas à la logique, il appartient à la réalité. La technologie nous a donné deux alternatives : réaliser le rêve d'une grande famille humaine, d'une communauté regroupant tous les peuples de la terre ou bien de détruire la planète et l'humanité toute entière. Avec nos nouvelles armes et notre conception des relations internationales l'agression et le nationalisme doivent disparaître. Notre salut réside dans l'étude de l'harmonie".

O Sensei pensait que d'après les principes du Kannagara, l'individu crée son propre paradis ou son propre enfer. A ce propos, il existe un vieux conte japonais, l'histoire d'un jeune aventurier qui voulait connaître la différence entre le paradis et l'enfer. Il fut d'abord conduit en enfer : il y vit de nombreux convives assis autour d'une table garnie des mets les plus délicats. Leurs visages étaient maigres et sinistres et ils pleuraient de désespoir. En les observant de plus près, il s'aperçut que leurs mains n'avaient que deux doigts en forme de "*hashi*" (baguettes japonaises) mesurant plus d'un mètre de long.

Ils pouvaient saisir la nourriture mais leurs doigts étaient si longs qu'ils ne parvenaient pas à les porter à leur bouche et frustrés, ils transformèrent leurs ustensiles en armes, se battant pour les morceaux qu'ils ne pouvaient pas manger. Puis le jeune aventurier visita le Paradis. Il y vit la même grande table, avec les mêmes plats savoureux délicatement présentés, les mêmes longs doigts. Mais tout le monde souriait et les visages rayonnaient de santé. Aucune dispute ne venait troubler ce festin car, en allongeant ses baguettes, chacun parvenait à nourrir celui qui se trouvait en face. La différence entre le paradis et l'enfer ? : compassion et coopération.

La peinture, la sculpture, la musique et la littérature sont les manifestations créatrices et positives de l'instinct d'agressivité. Sans ce désir, l'Everest n'aurait pas été conquis, la lune n'aurait pas été foulée par l'homme. C'est à cette soif constante d'explorer nos origines que nous devons les grandes découvertes scientifiques et technologiques. Les distances ont été abolies : des milliers de kilomètres se parcourent en quelques heures et s'inscrivent en quelques fractions de seconde sur les écrans récepteurs. Les systèmes de communications et d'information ouvrent de multiples horizons culturels et un enrichissement de nos connaissances. La technologie permet donc de canaliser l'agressivité humaine d'une manière positive et créatrice.

Mais de même que les outils fabriqués par l'Homo-Sapiens influèrent sur son évolution, les techniques modernes ne transforment pas seulement nos attitudes et nos styles de vie, mais modifient et bousculent nos instincts. Utilisée à outrance, la technologie détruit la créativité humaine. La force de l'homme est de moins en moins liée à son corps et à son esprit.

Vue de l'espace, notre terre est un joyau vert et bleu. Point de lignes rouges, de séparations : où commence la Chine et où finit l'Union Soviétique ? Dieu n'a donné à aucun homme, à aucune organisation, le droit de tracer des frontières. Mais, la technologie au service du nationalisme militaire dévore la planète. Un simple geste et en quelques minutes, des millions d'êtres humains sont anéantis, des villes entières sont rayées de la carte, la terre est contaminée pour des dizaines d'années. On ne voit plus souffrir l'ennemi, il n'y a plus de bain de sang mais l'esprit de l'homme est à jamais souillé. Je me demande s'il est encore temps de tirer des leçons de l'histoire des samouraï de Tokuyawa Ieyasu et de renoncer aux armes. Si conflit il devait y avoir pourrions-nous revenir à l'époque où les champs de batailles ne résonnaient que du cri des soldats, où l'on ignorait encore l'horreur de la dévastation, l'extermination de villes entières et de millions d'innocents et d'enfants ? Pour la société occidentale moderne, la guerre, la famine, la souffrance ne sont que des mots : l'ennemi n'est plus un être humain dont on voit couler les larmes.

La destruction et la violence, même de loin, sont une évidence. Mais il existe dans notre vie quotidienne une violence plus insidieuse et qui agit peu à peu sur notre conscience et sur notre monde. Les effets destructeurs de l'instinct d'agressivité se reflètent dans nos institutions, symboles négatifs de notre culture : lois répressives et prisons sont une des manifestations de la peur et de la haine. Le nombre des institutions psychiatriques augmente et nous sommes victimes de l'insécurité et des pressions de la vie moderne. Une nourriture trop riche et un manque d'activité physique nous affaiblissent. Les départements sanitaires et les services de nettoiement sont débordés et la terre et ses ressources naturelles sont recouvertes de montagnes de détritus. Ne pensant qu'à son propre confort, l'homme d'aujourd'hui a oublié que la nature était dotée d'un système de recyclage perfectionné, et est devenu un parasite, dépouillant la terre de ses richesses et ne lui restituant que les déchets contaminés de notre industrie.

La surabondance et le gaspillage sont des formes de violence très dangereuses. Notre société, notre économie et notre mode de vie, sont conditionnés par l'instantané et l'éphémère. Nous ne ressentons plus dans notre travail ni dans la communauté de satisfaction et de fierté. Notre société est matérialiste mais les biens matériels ne sont même pas respectés : nos villes sont sales et surpeuplées. Jeter un gobelet en papier ne peut sembler q'une transgression mineure, mais multiplié par un million, le problème devient préoccupant. L'habitude est prise, elle devient un style de vie et s'étend aux autres domaines, y compris aux relations humaines. Combien de personnes âgées finissent-elles leurs jours

La différence entre le paradis et l'enfer ? Conscience, compassion et coopération

Photographies prises lors de deux démonstrations données par l'Auteur à la JAPAN HOUSE à NEW YORK en 1978.

Paul KANG traduit pour l'Auteur
Shigeru SUZUKI, Shihan dai, "NAGE"
Kevin CHOATE : UKE
Photos : LEFT

à l'hospice ? Seules, oubliées, désespérées, elles ne demandent qu'à transmettre leur expérience de la vie. Elles constituent une de nos ressources naturelles les plus précieuses, inexploitées par la société de gaspillage.

C'est de nos propres mains que nous fabriquons avec fierté les objets qui peuplaient notre vie quotidienne, des choses belles et simples faites pour durer des générations : un vase prenant forme sur la roue du potier, une

Ces démonstrations faisaient parties d'une présentation de la culture Japonaise promue, par l'Ambassadeur des Nations Unies au JAPON pour les délégués des Nations Unies.

table en bois que le temps patine et rend plus belle, une couverture matelassée pour les nuits d'hiver. Les objets qui nous entouraient provenaient de nos parents, de nos grands-parents, de nos amis. Nous avions besoin les uns des autres et c'était l'époque du troc et du partage. Tout ce qui touchait notre vie avait une histoire. Nous récoltions les fruits de la terre sans la dénaturer. La vie avait un sens.

La machine est devenue notre esclave, mais le maître est à son tour assujetti et fait lui-même partie de l'engrenage. Privés des joies de la création et de la satisfaction que procure le travail bien fait, nous utilisons des machines et achetons les objets stériles qu'elles produisent en masse, fabriqués sans plaisir, et sans conviction. Trop de métiers ont été amputés de leur fonction créatrice et valorisante et ne sont devenus que la source de revenus, n'offrant qu'une sécurité matérielle illusoire. Nous ne sommes plus qu'un rouage de la machine qui ponctue le temps d'un virement de salaire à l'autre. N'ayant jamais auparavant disposé de plus de temps et d'argent, l'homme de la société moderne n'a toujours pas trouvé le bonheur.

Le corps humain s'est considérablement affaibli. Fait pour grimper et courir, l'homme est maintenant l'esclave des ascenseurs et des automobiles. Les cerveaux aussi se sont engourdis : calculatrices et ordinateurs pensent à notre place. Au lieu de consacrer nos heures de liberté et de loisirs à l'étude et notre enrichissement personnel, nous sombrons dans le confort de nos salons, nous laissant hypnotiser par le va-et-vient ininterrompu d'images sur un écran. Les enfants ne développent plus leur imagination en créant eux-mêmes leurs jeux : l'électronique s'en charge. Nous somme une société de spectateurs et de voyeurs et ne recherchons qu'une existence confortable et passive. On se demande alors pourquoi la vie a perdu toute saveur.

Le bonheur naît de l'adversité. Pour un estomac toujours plein, la nourriture ne présente aucun intérêt. Mais si la faim vous tenaille, même un bol de gruaux semblera délicieux. Nous ne savons apprécier la beauté que lorsque nous perdons la vue, le chant des oiseaux que si nous sommes frappés par la surdité. Et peut-être ne comprendrons-nous la véritable signification des mots "paix" et "harmonie" que lorsqu'il ne restera de la terre que les cendres de la destruction et de la mort.

Le bonheur se nourrit de sécurité, non pas la sécurité matérielle mais celle qu'apporte la confiance en soi et l'indépendance. Une vie trop facile ne permet pas à l'homme de découvrir les capacités illimitées de son esprit et supprime toute remise en question, tout développement. La richesse et le confort de notre société mènent directement à la frustration et à la violence, engendrant la dégradation des valeurs humaines. Dans tous les grands empires qui ont jalonné l'histoire, les peuples furent unis et forts dans leur lutte pour fonder une nouvelle société mais au fur et à mesure que leurs rêves de puissance s'accomplissaient, il ne rencontraient que le vide. Le règne de la décadence commençait, entraînant le pourrissement par l'intérieur de la société. Aucun empire sans exception ne lui résista.

CHOSEN

Nous sommes une société dite civilisée mais notre système éducatif comporte une faille importante. Nos enfants, influencés par notre exemple et l'éducation qu'ils reçoivent sont attirés par la réussite matérielle. Ce besoin de sécurité matérielle s'est substitué au plaisir de la découverte, du contact avec la nature. Nous avons perdu notre âme. L'architecture des villes, rigide et statique, a oublié la poésie et les contours dynamiques de la terre. Les valeurs et les idéaux que nous nous étions fixés depuis si longtemps sont aujourd'hui périmés.

L'homme commence à se rendre compte que les ressources du globe ne sont pas inépuisables et s'efforce de trouver des solutions. Mais le problème vient de notre attitude mentale, de notre conception de l'humanité. Avidité, égoïsme et impatience ont créé la pollution, les guerres, les armes nucléaires. La terre n'a que cinq continents et il n'y a plus d'empires à construire, plus de frontières à conquérir, si ce n'est celles de l'esprit.

Le rôle de l'éducation par la famille et par l'école est de fournir une base solide pour canaliser les tendances agressives des enfants et leur donner des valeurs spirituelles et morales. Cependant, à l'école, ils sont traités avec indifférence et chez eux ils sont souvent livrés à eux-mêmes ou étouffés par ce qu'on qualifie d'amour maternel ou paternel. Amour, égoïsme? L'amour véritable guide, éduque, favorise l'épanouissement, la remise en question. Il va plus loin que l'intellect, prépare l'esprit à l'indépendance, lui donne la confiance. Le rôle de l'éducation est de stimuler l'esprit, d'élever la conscience : il ne s'agit pas d'un échange superficiel de connaissances mais d'une recherche de la vérité.

Malheureusment, l'éducation ne touche que l'esprit. L'enfant ne connaît que le "moi" alors qu'il devrait apprendre à connaître "l'autre".

Nous avons tous besoin d'établir des relations multiples avec les autres. "Je suis, mais je ne suis pas seul. J'ai besoin des autres, mais je ne suis pas dépendant car j'ai des devoirs envers eux".

HONNO

Voilà le but suprême de l'Aïkido : il ne s'agit pas d'un entraînement psychologique. C'est une éducation qui dépasse l'intellect et va au cœur de la conscience humaine, touche l'instinct qui est notre véritable "centre".

Il n'est pas facile d'entraîner l'instinct et on doit commencer par son côté physique. Tous les mécanismes de défense égoïstes doivent être éliminés pour que la conscience s'ouvre. Il faut affronter la peur qui bloque les capacités de raisonnement, surmonter la panique et contrôler les réactions du corps et de l'esprit jusqu'à ce qu'elles deviennent naturelles et constructives. En étudiant la frontière qui sépare la vie et la mort, les sens s'épanouissent et s'aiguisent, et on accède à un esprit indépendant et une connaissance de soi qui éclairent la réalité. Mais cet état de conscience ne peut être atteint qu'en poussant le corps jusqu'aux limites de l'endurance : c'est ainsi que la force, ne pouvant plus faire appel au corps doit puiser dans l'intuition et les réserves spirituelles. Il est certain qu'une attaque puissante ou un bon *ukemi* n'aidera pas directement la société. Mais l'esprit qui se développe grâce à un entraînement rigoureux peut trouver son salut. L'étude physique de la réaction centre la vie autour de l'action. Si la morale et la compassion n'appartiennent qu'au domaine de l'intellect et ne se manifestent que sous forme de belles paroles, elles n'ont aucun sens et ne contribueront jamais à changer la société. Mais si morale et compassion sont intégrées à l'instinct et la conscience profonde, elles entraînent alors une action positive.

Pendant la guerre Russo-Japonaise, même au cœur de l'hiver, l'Empereur Meiji ne portait pas de manteau et ne se nourrissait que d'un peu de riz. Très inquiets, son entourage et ses conseillers l'engagèrent à s'alimenter davantage et s'habiller plus chaudement. Mais il refusa : "Je veux partager les conditions de vie du soldat. Je veux qu'ils soient dans mes pensées à chaque instant. On oublie trop souvent leurs luttes et leurs souffrances". Beaucoup eurent honte et suivirent son exemple et quand les soldats apprirent la nouvelle, ils versèrent des larmes de joie et de respect pour leur vénéré Empereur.

Pour que la compassion fasse partie intégrante de l'instinct et de la conscience, il faut savoir percevoir la douleur d'autrui. Partager les mêmes épreuves, les mêmes frustrations, consolider les liens du respect, développer la sensibilité et la compréhension de l'autre sont les buts de l'Aïkido. Si nous pouvions sincèrement ressentir les souffrances des autres, il y aurait moins de guerres, de famines de solitude. A travers l'histoire, les grands chefs spirituels eurent à lutter contre le destin. Aucun ne mena une vie facile car seul l'aiguillon de l'adversité peut entraîner une action noble. L'univers est encore en pleine expansion et l'humanité n'est qu'aux balbutiements de son évolution, elle peut encore choisir sa voie. Si elle ne médite pas sur son passé pour accéder à l'étape supérieure de son évolution, c'est-à-dire son développement spirituel, les lois de l'univers ne lui laisseront pas ce choix. Eduquons l'instinct et affinons les qualités humaines : notre survie en dépend.

l'AIKI par DOSHU KISSHOMARU ESHIBA.

CHAPITRE IX

L'AÏKIDO ET LA TRANSMISSION DE LA VÉRITÉ

La plus grande gageure pour les maîtres du *Budo* fut de définir et d'expliquer les secrets et l'origine de l'énergie. Ils empruntèrent leurs métaphores aux mondes naturel et spirituel, utilisèrent des idées simples ou complexes, s'efforçant de définir ce qui n'avait pas de nom. Leurs démonstrations techniques n'étaient pas plus explicites. Morihei Ueshiba, en créant l'Aïkido organisa un mouvement technique et spirituel exprimant clairement les véritables principes de l'énergie que l'on trouve dans les phénomènes universels. Chaque technique est l'illustration vivante de la circulation de l'énergie, celle du cosmos ainsi que celle de notre corps. Grâce à l'étude et à la pratique les vérités scientifiques et spirituelles s'unissent pour former un tout, une intuition que les mots ne peuvent définir. Du fond de la vallée le sommet de la montagne est invisible. Il faut affronter l'aridité des hauteurs pour percer l'écran des nuages. L'expérience est la seule vraie connaissance, elle ouvre l'esprit. L'univers, la vie et les relations humaines renferment les mêmes vérités et l'amour est la force qui les guide. Voilà le sens de l'Aïkido; il faut voir, sentir, goûter et digérer le mouvement avant d'en découvrir les secrets.

Il arrive que des pratiquants d'Aïkido sans grande expérience critiquent la souplesse des mouvements, les assimilant à ceux de la danse. En fait ils n'y voient que le reflet de leurs propres conceptions de la voie martiale et sont influencés par des images stéréotypées de lutte et de conflit. Pour eux force est synonyme d'impact et ils ne comprennent que les formes d'attaque les plus simples. Leurs préjugés et leur hostilité les ferment à la vérité et au développement de l'énergie authentique. La lune entre-t-elle en collision avec la terre? La terre peut-elle défier Mars ou Jupiter?

Des pratiquants de tous les styles de Bujutsu et de Budo venaient consulter O Sensei. Il leur disait : "Vous devez avoir l'esprit d'un "*shoshin*", d'un débutant, un esprit mince comme une feuille de papier afin que s'y inscrivent les secrets de l'Aïkido. Un esprit rempli de jugements et d'opinions toutes faites ne peut recevoir les vérités de l'univers. Si une tasse est toujours pleine, l'eau y croupit : pour que l'eau soit fraîche, il faut la vider régulièrement. Si vos oreilles résonnent du son de votre voix, comment percevrez-vous les harmonies divines?"

SHOSHINSA

Avant la seconde guerre mondiale, O Sensei contrôlait l'admission des élèves à son *Dojo* d'une manière très stricte. L'acquisition de la puissance, quelle que soit sa forme, peut influencer la personnalité à beaucoup d'égards. Ceci est encore plus vrai pour l'étude des arts martiaux. D'une part elle peut développer modestie et respect, renforcer la conscience sociale, démasquer les points forts et faibles de la personnalité, en un mot inciter à l'action positive. Mais si l'esprit est formé et dominé par l'égo, la pratique d'un art martial peut entraîner une recherche fanatique du pouvoir, proche de l'obsession, créant un individu marginal se nourrissant de violence et de rêves.

Flamboiement du soleil

Mitsugi Saotome

Où est l'ennemi

Quand un maître autorise un disciple à suivre son enseignement il n'a pas envers lui qu'une responsabilité personnelle. En transmettant la connaissance et la maîtrise de la puissance, le professeur est responsable de l'influence sociale qu'elle peut exercer. L'étudiant constitue la matière première, l'argile, le bois ou la pierre. Si un défaut de la personnalité ne peut être corrigé, le produit final sera forcément mauvais, même si la technique est excellente. C'est pourquoi avant d'accepter un élève, O Sensei exigeait deux lettres de recommandation. Après une période d'observation, il accordait un entretien personnel. Mais l'acceptation n'était jamais une garantie : O Sensei testait continuellement ses élèves et si l'un d'entre eux ne lui donnait pas entière satisfaction, il pouvait à tout moment être privé du droit d'assister à ses cours. La technique n'était pas une commodité qui pouvait se vendre ou s'acheter : pour O Sensei, l'élève payait de sa sincérité, son ouverture d'esprit et sa volonté.

Après la guerre, O Sensei jugea qu'il était temps de répandre l'Aïkido à travers le monde. Il ne devait bien sûr se limiter à aucune nation en particulier, son enseignement reposant sur des vérités universelles. C'est ainsi que le *Budo* se développa, et se libérant des chaînes du nationalisme, il devint un symbole de force spirituelle dans le monde entier.

Parallèlement O Sensei vit la nécessité de transmettre son style traditionnel d'apprentissage et de maintenir un haut niveau parmi ses *uchi deshi** personnels. Mais il ne confia les secrets de son art qu'à un très petit nombre, à ceux qu'il jugeait capables de le transmettre avec rigueur et intégrité pour le bien de la communauté. Succéder à un maître est une lourde tâche car c'est prolonger un flot spirituel. C'est le *Kannagara*, c'est le Tao.

La procédure est la même dans un temple Zen : à la majorité des disciples on dispense un enseignement contribuant à développer une conscience sociale mais seuls quelques initiés accèdent à la vérité et la philosophie. Ceux qui ont de maigres connaissances assimilent souvent mal ce qu'ils lisent et ne répètent que de belles phrases sans les comprendre, se laissant emporter par le son de leur voix. La véritable connaissance n'a pas besoin de s'imposer aux autres : méfions-nous de l'arrogance et de la suffisance.

Etudier et accéder à la connaissance implique un renoncement à ses propres opinions. Une des grandes barrières à l'étude est le concept d'égalité et les interprétations erronnées qu'il a suscitées. Nous sommes tous égaux devant Dieu mais nous avons tous des capacités et des connaissances différentes. L'intelligence et la volonté ne sont pas l'apanage d'une race en particulier, d'une religion ou d'une nation. Elles ne sont pas non plus réservées à une classe sociale. Le musicien ne fait qu'un avec son instrument et l'harmonie de la musique. Le fermier comprend les cycles de la nature, le bétonnier connait exactement les temps de malaxage et les propriétés de son matériau. Chacun a un talent particulier, affiné par l'expérience et l'intuition.

SHINRAI

Sans respect envers le maître, on ne peut tirer aucun profit de son enseignement : si, cent personnes sans expériences ne savent apprécier les compétences d'un professeur qualifié parce qu'ils ne sont pas encore prêts à le comprendre, les lois de la démocratie leur donnent raison. La confiance est aussi indispensable. Il n'y a pas de démocratie sur le tatami : ceux avec qui vous pratiquez sont soit plus expérimentés, soit moins avancés que vous : vous serez guidés ou guiderez vous-mêmes.

* ***Uchi deshi:*** : *Vivre ensemble. Un élève qui vit avec le maître et n'étudiant pas seulement la technique mais s'entraînant chaque heure du jour pour s'élever au-dessus de l'égo, trouver l'essence de l'art, prendre le relai spirituel.* Uchi *signifie maison* - Deschi : *étudiant.*

Dans l'étude d'un art martial, il est essentiel de suivre scrupuleusement les conseils du maître. Les accidents sont toujours à envisager mais un professeur avec de l'expérience et de l'intuition saura diriger son cours de façon à ce que les risques soient réduits au minimum. Il interviendra rapidement lorsqu'il sentira l'agressivité prendre le dessus. En une seconde, une simple erreur de compréhension dans l'exécution technique peut entraîner la fracture d'un bras ou d'une épaule. O Sensei fit de l'Aïkido un système éducatif respectant l'énergie naturelle du corps. Le *Jujutsu* a en commun avec l'Aïkido de nombreuses techniques : *Kotegaeshi, Shiho nage, Nikyo* mais elles sont conçues pour tuer alors que celles de l'Aïkido permettent au mouvement de se poursuivre et à l'énergie de se redistribuer. Une bonne compréhension du corps et des principes de l'Aïkido diminue considérablement les risques d'accident. L'Aïkido fut développé pour favoriser la communication et non la compétition, pour découvrir les mécanismes de l'harmonie. C'est ainsi que les individus forts, faibles, les enfants et les adultes peuvent pratiquer ensemble, en tirer un grand profit et développer leur faculté d'adaptation. Mais le paradoxe de l'attaque et de la défense, l'étude du conflit menant à l'harmonie est difficile à appréhender et l'étudiant peut facilement se tromper de chemin dans sa quête de puissance. L'ego ne demande qu'à s'exprimer par le biais de la compétition.

Le *samouraï* ne se laissait jamais aller à l'étalage de ses sentiments et de ses émotions car c'était considéré comme un signe de faiblesse. Même s'il n'avait pas d'argent ou rien à manger, son visage restait serein et il machonnait un cure-dent comme s'il revenait d'un festin. Il restait digne à tout moment, sachant que si ses faiblesses étaient dévoilées, il ne pouvait accomplir son devoir. De même il se méfiait de l'étalage de la puissance qui dénote aussi une grande faiblesse.

Habitués de nos jours aux débordements et aux épanchements des émotions, nous associons souvent la puissance avec un visage dur et grimaçant et une voix autoritaire. Ces signes ne traduisent que l'insécurité et sont l'expression d'un mécanisme de défense. On ne peut avoir confiance en quelqu'un qui parle, insiste et promet trop. Les mots ne sont pas la forme la plus honnête de communication. Les actions, elles ne savent mentir et il faut savoir lire au-delà des apparences en laissant parler perception et intuition. L'étalage des sentiments n'offre que le spectacle médiocre d'acteurs ayant oublié leur véritable identité.

Enseigner un art martial de compétition n'aide pas à découvrir la vérité. La compétition peut se révéler constructive lorsqu'elle canalise l'agressivité. Elle stimule, repousse sans cesse les limites du corps humain, fait battre des records. Ceci est l'objectif majeur de toute discipline sportive. Mais le Budo n'est pas un sport, c'est un mode de vie et ses motivations sont différentes. Lorsque la compétition devient le seul élément moteur de la vie quotidienne comme c'est le cas dans les sociétés modernes, elle aboutit à la frustration, déforme la personnalité et détruit les relations humaines. Nous jugeons constamment les autres, les rabaissant ou les insultant au lieu d'échanger des idées. Beaucoup se sentant menacés dans leurs relations dissimulent leur sentiment d'insécurité en recherchant l'attention constante des autres. Ils veulent être des vedettes et leur vie n'est qu'une course qu'il faut gagner. C'est ainsi que naissent la méfiance, la jalousie et l'égoïsme : on oublie que la vie est un don merveilleux.

En assistant à des championnats, on s'aperçoit que l'attachement à la victoire a privé la plupart des arts martiaux de leur sens véritable. Que sont devenus technique et principes? ils ont été détruits par l'agressivité et la peur de perdre. Sur le ring, ils sont devenus de pâles imitations de la boxe et de la lutte et ont abandonné les principes enseignés par les grands maîtres. Seules la victoire et la défaite entrent en ligne de compte, offrant le spectacle d'un exhibitionisme primaire. Il est évident que l'harmonie ne peut se développer dans un tel contexte. Le Budo n'est pas un sport.

Les arts martiaux qui se sont rapprochés des disciplines sportives se concentrent sur le principe de l'agression et sur les aspects négatifs de la victoire sur l'ennemi. L'agression n'est pas une arme de contrôle efficace car elle renforce la résistance de l'adversaire. Il s'en suit une lutte stratégique sanctionnée par la seule force physique. Mais si au lieu de résister à la force d'une attaque on accepte

le mouvement, l'adversaire est alors happé dans le vide ainsi créé et dans la sphère de contrôle. Le corps ne peut agir seul, il doit toujours être guidé par l'esprit.

L'entraînement du *Budo* et celui de l'Aïkido ne vise pas à favoriser les tendances aggressives. La voie du "*Bu*" enseigne à se débarasser de l'ambition et de la convoitise : elle apprend à devenir "vide". Elle consiste en l'étude de la force de gravité, à oublier les limites du corps grâce à un entraînement intensif.

Chaque être vivant a un comportement universel : il est avant tout doté d'un ego, car la fonction même de la vie est de prolonger son existence. Il ne faut pas confondre ego avec égoïsme. L'enseignement se sert de l'ego pour communiquer et pour transmettre. Jésus Christ, Buddha étaient pourvus d'un ego très fort mais c'était l'ego universel et divin qui les guidait. L'humanité, au lieu de mener à bien la mission confiée par Dieu essaie de se substituer à lui et à détruire les ressources limitées de la planée. La force physique est limitée elle aussi et seul un dur entraînement aide à comprendre les limites de toute forme de vie. il faut parvenir à cette vision globale et intuitive de l'univers faisant corps avec le cœur et l'esprit.

Seule une compréhension des limites du corps permet de percevoir un système naturel de compensation. Si le corps est en déséquilibre, il essaiera naturellement de s'adapter et de corriger sa position. Quand ce déséquilibre est interne, il est rectifié par la fièvre et l'élimination des déchets. Il faut que ce système de correction puisse fonctionner et s'il est étouffé par la crainte ou l'agressivité, le corps sera incapable de s'adapter. Un entraînement adéquat en Aïkido emprisonne l'ego et permet la découverte des défenses naturelles du corps et de l'esprit. En respectant les lois des phénomènes naturels on parvient à maîtriser le sens de l'équilibre, on développe son champ visuel et sa perception, on acquiert une attitude correcte. On retrouve ici le système du "*misogi*" : purification et adaptation. Pour qu'un mouvement soit dynamique et puissant, un bon équilibre physique est indispensable. Cette étude du mouvement aide aussi à acquérir un équilibre mental. Toute raideur, tout blocage empêche l'exécution ou dynamique du mouvement. Cette étude ne doit pas être centrée sur le résultat : le calcul et la stratégie sont la base de la compétition. Mais dans la réalité, toute hésitation est fatale : face à l'ennemi, on n'a pas le temps de calculer ou de prévoir, c'est une question de vie ou de mort. Voilà encore une manifestation du "*misogi*".

MISOGI

La loi de Dieu est "*Misogi Harai*", le système naturel qui préserve la création du chaos. Le vent casse une branche morte et se charge d'emporter ses feuilles. La pluie lave les roches, et débarrasse feuilles et herbes de la poussière afin qu'elles puissent respirer. Les océans baignent les côtes et l'ennemi naturel se charge de l'élimination des êtres les plus faibles. Quand une forme de vie a atteint ses limites, sa fonction est inversée : la feuille, l'arbre, l'animal sont réutilisés pour la création d'une autre vie. Ce souffle de renouveau est celui de la réincarnation. Mais la destruction doit précéder la création. Quelquefois un entraînement très dur parvient à renforcer l'ego, mais l'ego et la force physique ne peuvent produire une technique d'Aïkido. Il faut que le mouvement soit purifié et la réaction agressive éliminée, preuve constante que la compétition n'est jamais opérante. Cet anéantissement est le point de rupture de l'ego : c'est le *misogi* et avec lui le commencement de tout entraînement sérieux.

Cet entraînement fort n'est pas seulement un travail musculaire. Il ne se résume pas non plus à savoir orienter une force en lui résistant ou à savoir chuter violemment (*Ukemi*). Ces aspects sont importants mais l'entraînement qui développe un esprit fort et une confiance spirituelle s'effectue dans des conditions difficiles. Rien de plus facile que de s'entraîner chaque jour lorsqu'on peut se nourrir et se reposer à loisir. Essayez de jeûner pendant une semaine ou essayez de ne pas dormir pendant trois ou quatre jours et continuez à vous entraîner régulièrement. Quand le corps à atteint ses limites, l'esprit prend la relève et commence à s'élever. Il est évident que ce type d'entraînement présente des dangers et ne devrait être entrepris que sous le contrôle d'un professeur expérimenté.

Dans le *Dojo* de Yamaoka Tesshu, il existait un entraînement spécial pour venir à bout de l'égo et développer la confiance en soi : il s'agissait de se défendre contre mille attaques. Pendant des jours, des semaines ou même pendant un an l'étudiant était assailli chaque jour par cent partenaires l'attaquant dix fois chacun de toutes leurs forces et dans le style qu'ils choisissaient. Le dernier jour, il n'avait pas le droit de se reposer et n'avalait qu'un bol de soupe. Ses jambes flanchaient sous le poids de l'armure Kendo et ses bras tremblaient de douleur à force de manier le "*shinai*". C'est à ce moment d'épuisement total du corps que l'étudiant renonçait à sa force physique et à la pureté technique, et faisait appel à ses ressources spirituelles.

KAMAE

Dans la garde Kamae de la photo du haut,
l'arme est tenue dans la position basse "Gedan".
Sur la photo du bas, l'arme est dans la position haute "Jodan".

Sous les coups répétés des attaques incessantes sa concentration s'intensifiait et il continuait de se battre en ayant pratiquement perdu connaissance, mais restait debout, en *Kamae**, prêt à se défendre. Voilà la véritable essence de la force.

Yamaoka Tesshu, sentant sa mort proche, appela sa famille et ses disciples à son chevet afin de les préparer à cette nouvelle. Il leur demanda de ne pas être surpris ou tristes, les remercia pour leur dévouement et leur aide. Même mort, il resta en *seiza* (position assise à genoux), le corps parfaitement droit.

On raconte que, il y a bien longtemps, un élève protégea un maître des flèches ennemies en se tenant devant lui. Une à une les flèches pénétraient son corps mais il restait debout. Sa force n'appartenait plus au monde matériel.

Un jour, un grand maître de *Kendo* vint à Ayabe rendre visite à O Sensei alors âgé de cinquante ans. Soucieux de se mesurer à lui-même, le Kendoka mit O Sensei au défi. Ils allèrent ensemble dans le jardin, le visiteur armé de son *Katana*, et O Sensei les mains vides. Le Kendoka se mit en garde, sa lame étincelait au soleil et O Sensei attendait tranquillement en face de lui. Ils restèrent longtemps dans cette position. La sueur commença à inonder le front du Kendoka puis à couler sur son visage comme des larmes. Et ils ne bougèrent toujours pas. O Sensei, calme et détaché, vigilant mais ne manifestant aucune attente, reflètait seulement, l'image de l'homme et de son arme qui se tenait devant lui. Cinq, sept, dix minutes s'écoulèrent. Epuisé par cette tension insoutenable et cette lutte pour tenter d'attaquer l'Univers en personne, le maître de *Kendo* se rendit. Il n'avait pas pu bouger et la sensibilité de sa perception n'avait décelé aucune ouverture ou aucune faille dans la défense d'O Sensei.

Beaucoup se méprirent sur le sens de cette rencontre, insinuant qu'O Sensei avait hypnotisé son adversaire en faisant appel à une technique orientale secrète. En fait, sa technique provenait d'une confiance et d'une concentration spirituelles. N'abritant aucune pensée agressive ou hostile, ne manifestant ni la peur ni l'envie qui créent une couverture, il emprisonnait l'esprit de son adversaire et le précipitait dans le vide. Celui-ci ne pouvait attaquer : son esprit se reflétait dans les yeux d'O Sensei et il n'y avait personne à attaquer. Il était lui-même son propre ennemi.

L'esprit de conflit et de défi est un esprit vil, assoiffé de sang et même si vos mains ne se sont jamais resserrées sur la gorge de l'ennemi, il suffit que votre corps soit rempli de haine ou du désir de vaincre pour que ces pensées pourrissent comme la mort dans votre esprit. La vraie voie du *Budo* est celle de l'adaptation et non de la destruction : c'est une forme de *misogi* social : il tente de résoudre un problème, pas de juger ou détruire une vie.

La vraie force réside dans le monde spirituel et la véritable force de la défense consiste à se protéger contre le Karma de l'ennemi. Si celui-ci essaie de vous tuer, le seul choix est la vie ou la mort. Si vous êtes faible, vous ne pouvez défendre ni votre Karma, ni celui de l'ennemi. Si vous succombez à une attaque, l'ennemi est coupable et devient un assassin. Mais vous aussi avez péché, à cause de votre faiblesse car vous l'avez obligé à tuer, son Karma et le vôtre ne faisant qu'un. Si l'ennemi vous attaque et si vous le tuez, c'est vous qui devenez un assassin. Le résultat est le même : une vie a été détruite. Peu importe qui a tort ou raison, l'ennemi est votre ombre. Vous et lui ne formez qu'une seule vie et en le tuant vous commettez aussi un suicide. Votre devoir est donc de vous défendre en défendant votre ennemi.

Vaincre ne signifie pas battre l'ennemi. La vraie victoire doit transformer le cœur de l'ennemi. Le grand *Satori* d'O Sensei fut de proclamer que l'amour est la vraie force et qu'il provient de la sagesse divine et non de la force humaine. Les grands maîtres spirituels ont toujours enseigné qu'il fallait aimer l'ennemi, il est votre moitié et la haine et l'égoïsme ne doivent plus vous aveugler. Il

* ***Kamae :*** *position de garde. Il y a de nombreuses gardes et dans chacune, les mains ou les armes occupent une place différente.*
Jodan : position haute - Chudan : position intermédaire - Gedan : position basse.

devient votre maître, vous aidant à affiner votre technique, à aiguiser vos réflexes. Débarrassé de toute haine, vous pouvez capter sa position, ses mouvements, ses points faibles. En Budo, le plus important est de comprendre l'ennemi, la haine disparaît alors. Mais découvrir la voie de l'harmonie ne signifie pas aimer d'un amour faible ou sentimental; au contraire, c'est guider, discipliner et s'il le faut faire souffrir.

Au Japon, nous disons "*Hotoke no kau mo sando*" : c'est la réponse à une prière pour obtenir une seconde chance. Mais c'est aussi une mise en garde : si une deuxième erreur est commise, il n'y a pas de troisième chance.

Un jour, en regardant une araignée tisser sa toile, Bouddha se souvint d'un criminel qui avait été condamné à aller en enfer. Au cours de sa vie malfaisante, cet homme avait pourtant eu un sursaut de compassion : un jour une araignée s'était mise en travers de son chemin. Sans réfléchir, il avait d'abord essayé de l'écraser, mais elle réussit à s'échapper. L'homme s'était mis à rire en la voyant s'enfuir ainsi : "Même toi, créature insignifiante, tu tiens à la vie autant que moi. Je te laisse la vie sauve".

Buddha décida donc de le mettre à l'épreuve, de lui donner une chance d'échapper aux horreurs de l'enfer et de trouver son salut. Il tissa une corde en soie de fil d'araignée et la tendit entre le paradis et l'enfer, jusqu'à la montagne des aiguilles et la rivière de sang. Le criminel vit la corde et s'accrocha de toutes ses forces et commença à grimper. Mais bientôt tous ceux qui se trouvaient dans la rivière de sang essayèrent désespérément de saisir la corde, et souhaitant aussi trouver le salut, ils se pressèrent derrière lui. Pensant que les fils délicats ne résisteraient pas au poids d'un si grand nombre, il les fit tomber à coups de pied en s'écriant : "C'est moi qui le premier ai vu cette corde. Elle est mon salut, pas le vôtre". Buddha, en voyant ceci fut très affligé et le poids de ses larmes fit céder la corde. Cet homme était trop égoïste pour entrer au Paradis.

"San Goku Shi" est une célèbre histoire chinoise relatant le conflit entre les deux grands Empires de Shiyoku et Gi. Le premier ministre de Shiyoku, Shokatsu Kome, confia la protection de Gaitei dont la position était stratégique et le commandement de ses armées à Bashoku, un jeune général aux talents militaires très prometteurs et qu'il avait lui-même formé. Kome lui exposa en détails son plan pour protéger Gaitei et l'envoya avec toute sa confiance. Mais le général Bashoku se fiant à son génie précoce plus qu'à la sagesse de Kome désobéit au Premier Ministre. Il perdit la guerre, ses armées et la région de Gaitei. Il fut jugé et condamné par la cour martiale. Kome l'aimait comme son propre fils mais se rendit compte qu'un tel mépris de l'autorité pouvait contaminer l'armée. Bashoku fut exécuté. L'égoïsme est une maladie contagieuse qui peut gagner une communauté, une nation et le monde tout entier.

L'amour que l'on ressent pour l'ennemi doit être rigoureux et maîtrisé. Dans certains cas, il entraîne la destruction mais il doit le faire d'une manière pleinement responsable : il faut que l'objet à détruire représente un réel danger pour la communauté. Même en buvant l'eau pure d'une source, le serpent ne produira que du venin. Il en va de même pour l'éducation : avec les mêmes méthodes, on fera des uns des citoyens responsables et des autres des individus dangereux pour la société. Les droits de chacun doivent être protégés et l'ego et la cupidité ne doivent jouer aucun rôle au niveau de l'individu ou du groupe. Pour détruire l'ennemi, il faut détruire son propre ego, sinon l'objectivité et l'harmonie ne peuvent se développer.

JIKOGISEI

S'il est facile de détecter l'ego chez un individu, il n'est pas aisé de reconnaître un ego de groupe. L'homme s'est complètement mépris sur sa loyauté envers Dieu : la loyauté du génocide, des chambres à gaz, des brasiers humains. Pouvons-nous vraiment invoquer le nom de Dieu pour nous laver de ces crimes? Une loyauté aveugle est très dangereuse car elle peut devenir l'instrument de l'égoïsme qui ne respecte pas les différences, créant un monde où chaque visage vous renvoie votre propre image, où chaque esprit formule les mêmes pensées. L'étude de l'harmonie consiste à respecter les différences et comprendre l'unité profonde qui les relie.

Les sociétés humaines se sont d'abord développées pour servir leurs membres et les aider à atteindre leur but commun. Elles ont établi des lois pour protéger leur intérêts. Tant qu'elles regroupaient un nombre limité d'individus, elles parvenaient à maintenir une communication ouverte entre leurs chefs et les membres et à assurer des échanges avec d'autres sociétés.

Mais quand la société se développe, les chefs commencent à imposer leurs propres idées et plutôt que d'aider les membres, ils essaient de les contrôler en faisant appel à leur loyauté. Les membres au service desquels la société s'était mise à l'origine ne sont plus que des pions sur un échiquier. Protégeant jalousement sa stabilité économique, la société se ferme, le système de compensation est détruit. Ce type d'organisation ne peut qu'engendrer des conflits, essayant de s'imposer à l'extérieur dans sa lutte pour le pouvoir.

L'amour et l'harmonie sont à la base de nombreux groupes sociaux, religieux, éducatifs. On se demande alors pourquoi il y a tant de conflits politiques. Tous se disent ouverts mais pourquoi autant d'intolérance? Les individus au sein d'un groupe ont des besoins différents, ils n'empruntent pas le même chemin : si un groupe n'est pas assez souple pour s'accommoder de ces différences, il ne peut survivre. Les chemins de l'harmonie sont multiples et il faut apprendre à les découvrir en éliminant toute pensée égoïste.

Les sociétés elles-aussi ont besoin de découvrir le "*Shoshin*". C'est toujours après la mort du fondateur d'une voie ou d'un chef spirituel ou religieux que la lutte commence au sein du groupe. Beaucoup s'imaginent détenir le chemin de la succession. Ils oublient l'essence spirituelle, le respect et la modestie qu'on leur a enseignés. Tous veulent leur part du gâteau et la chasse aux sorcières commence.

Chaque jour est un perpétuel renouveau. L'énergie vitale se transforme continuellement. Les sociétés humaines ont aussi besoin de renouvellement, pas seulement l'expansion mais l'alternance de l'expansion et de la contraction. Elles doivent se charger du présent sans pour autant négliger le massage du passé. O Sensei rêvait d'un monde formant une grande famille, ignorant la haine et les préjugés. Dans notre pratique nous devons être exemplaires et ne pas nous laisser prendre au piège des luttes et des conflits politiques : ce serait trahir l'esprit d'O Sensei. Les portes qu'il a ouvertes ne doivent pas être fermées par la peur, l'égoïsme et la soumission aveugle.

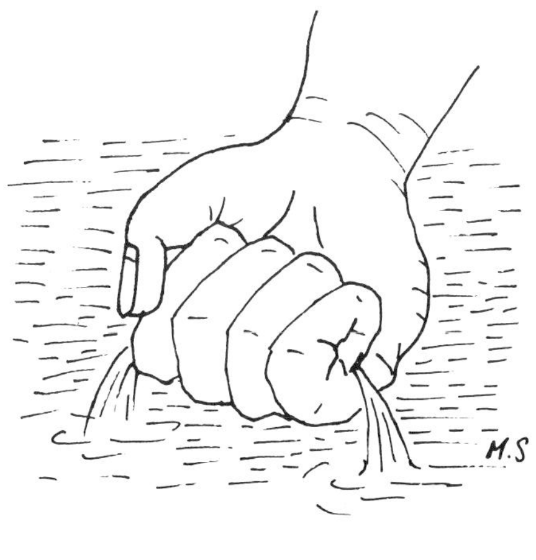

La faiblesse a besoin de se soumettre aveuglément à l'autorité qu'elle soit fondée ou non car elle redoute la liberté créée par le vide et la responsabilité. L'attachement égoïste à une seule vertu ne peut engendrer la liberté. Si vous saisissez cette vertu les poings fermés et les doigts crispés, vous ne pourrez tendre la main à un ami. O Sensei me dit un jour "Apprends à être libre de tout désir. Si tu essaies d'attraper de l'air ou de l'eau dans tes mains, imprime leur doucement la forme d'une coupelle. Si tu veux respirer, chasse d'abord l'air qui est en toi. Si tu serres trop fort la bague en or que je te donne de peur qu'elle ne t'échappe, tu ne pourras y sentir le diamant qu'elle renferme".

Chaque élève perçoit les enseignements d'un maître à sa manière et propose sa propre interprétation. Personne ne détient la réponse définitive. C'est pour cette raison que celui qui étudie l'art, la philosophie, les sciences ou une discipline du Budo a besoin d'un guide afin de se confronter à d'autres points de vue, d'autres explications. Il existe des limites que l'élève ne doit pas dépasser mais sa loyauté doit être librement consentie. Le rôle le plus important des élèves d'O Sensei est la transmission de son enseignement. L'étude de l'Aïkido est un entraînement de la philosophie de l'esprit à travers l'action et la technique n'est que la manifestation physique de la compréhension. S'il y a séparation entre la philosophie et les relations humaines dans la vie quotidienne, la vraie Voie n'a pas été suivie. Un chef doit être vide, libéré de tout ego.

Le contrôle de l'ego n'est pas une tâche facile car on ne peut ni le toucher, ni le voir : il n'a aucune forme matérielle. Notre vie ne nous appartient pas, nous ne possédons rien, nous faisons partie de Dieu. Tout lui appartient.

O Sensei mena une vie très simple et sereine, essayant de se rapprocher de la vérité divine. Il n'imposa jamais son autorité : tout venait à lui naturellement. La politique et l'argent n'avaient aucun pouvoir sur lui, il se moquait de l'opinion et ne se souciait ni du nombre de ses étudiants, ni de ses biens matériels. L'honnêteté était son seul guide. L'esprit totalement libre, il pouvait rire de lui, rire de la vie. Sur le plan technique, son intuition déjouait toujours la ruse et la stratégie, car il était un véritable miroir. Quand vous êtes devant une glace, vous ne pouvez tromper l'image qu'elle renvoie, quel que soit votre degré de ruse ou d'intelligence. En n'étudiant que la stratégie et la ruse, vous ne percevrez jamais la limpidité de la sagesse et de la force. Pièges et subterfuges ne sont efficaces qu'un moment et on les a vite épuisés.

Une graine plantée dans un peu de terre grandira très vite mais n'ayant pas assez de place pour ses racines, la plante mourra. Apprenez à vous ouvrir et à découvrir la sagesse, le courage, et la force de l'honnêteté et de la vérité.

真実

SHINJUTSU

KI

KOKYU

CHAPITRE X

KI ET KOKYU

Conférence donnée par le Fondateur :

"A travers l'histoire, d'innombrables professeurs de religion et de philosophie ont apporté leur message de vérité et parlé de la puissance ultime de l'harmonie. Cependant comment se fait-il que ceux qui ont mené contre elle une lutte acharnée en se servant de la force destructrice du Budo, en sont sortis victorieux? Rares furent les professeurs et les philosophes qui surent exprimer cette vérité avec tout leur être. Leurs théories, formulées seulement avec des paroles, ne pouvaient éduquer que l'esprit. La vérité n'est pas la logique.

Pour la découvrir et atteindre cette puissance ultime, il faut entreprendre trois formes d'entraînement simultanées : pour être en harmonie avec les mouvements de l'univers, il faut exercer l'esprit, exercer le corps et enfin entraîner le ki, la force de l'âme qui relie corps et esprit.

SHIN SHIN TOITSU

Si l'esprit est en harmonie avec l'Univers, les paroles doivent l'être aussi et ne faire qu'un avec le Kami. Ensuite les mouvements du corps doivent s'harmoniser avec les paroles. C'est le secret que le Budo m'a enseigné. Je me suis rendu compte que corps et esprit doivent être unis par le Ki avant de se joindre à l'Univers.

C'est à travers cette miraculeuse fonction du Ki que corps et esprit peuvent s'unir et grâce à l'entraînement vous comprendrez la vérité universelle, votre esprit sera limpide et votre corps rayonnera de santé. Il vous sera possible de résoudre tous les conflits et de transformer cette terre en un monde de paix. Mais si cette fonction miraculeuse du Ki est mal utilisée, le corps et l'esprit sombrent dans le désordre et l'Univers devient un chaos. Il est donc capital que nous accordions esprit, corps et Ki aux rythmes du mouvement universel.

L'Aïkido est la voie de la Vérité et l'entraînement consiste à l'exprimer dans la vie quotidienne. Toute théorie seule est inutile, elle doit être mise en pratique. La force de la Vérité ne se diffusera dans notre esprit et notre corps que si nous nous entraînons et l'Aïkido les unira à l'Univers grâce au Ki".

Qu'est-ce que le *Ki?* C'est peut-être la question à la fois la plus simple et la plus complexe. Si je vous donne un oignon et vous dis : "Tenez, voici le *Ki*", vous l'épluchez et, en l'examinant, vous vous dites, perplexe, "ceci n'est pas le *Ki*"*!* Puis vous continuez à enlever la peau jusqu'à ce qu'il ne reste plus rien. En effet, il n'y a rien, mais sans le *Ki*, cet oignon ne peut exister.

Beaucoup de pratiquants de l'Aïkido recherchent une énergie presque magique, s'imaginent qu'elle jaillit du bout de leurs doigts et que leurs progrès dépendent d'un développement mystique de leur personnalité. En fait, depuis les temps les plus reculés, le terme "*Ki*" (Chi en Chinois) a été utilisé comme concept s'étendant aux aspects les plus courant de la vie quotidienne. C'est l'activité de la vie, la substance de l'esprit, la vibration, comme le son et la lumière. Le soleil, le tonnerre et le vent sont *Ki*. Il est plus petit qu'un atome et plus terrifiant que les galaxies. Il est la substance vitale de l'Univers, l'énergie créatrice de Dieu. Il remplit l'Univers et tout ce que celui-ci contient, des origines de la création jusqu'à la fin des temps.

TSUKI NO KI

Le mot "*Ki*" indique un flot d'énergie, une vibration mais il peut aussi décrire un état d'esprit, de santé, ou toute l'activité spirituelle. Influencé par le son et la lumière, le temps et l'espace, il change de forme et de fonction. En Japonais, il existe d'innombrables expressions contenant le mot "*Ki*". Le temps est "*tenki*" ou Ki du ciel. L'air est "*Kuuki*", le Ki du ciel ou du vide. La chaleur est "*hi no ki*", c'est-à-dire le Ki du feu. Le sol est "*tsuchi no ki*", le Ki de la terre. Si vous manifestez votre impatience, votre Ki est court, "*tanki*". Si vous êtes malade votre Ki l'est aussi, "*byoki*". Si vous êtes "*Kichigai*", vous êtes fou, votre Ki n'est pas complet. Et les lois de la nature sont "*tenri shizen no ki*".

J'ai souvent entendu dire "je n'ai pas de *Ki*". Ceci est absurde. Sans *Ki*, vous ne pourriez pas dire que vous n'en avez pas, vous ne seriez pas en vie. Le *Ki* est difficile à comprendre, mais on peut percevoir ses manifestations. Pourquoi la présence d'une personne vous met-elle mal à l'aise et celle d'une autre vous rend-elle joyeux ? Pourquoi êtes-vous heureux de voir quelqu'un sourire ? Le Ki est une vibration.

On peut estimer le poids, la densité et la texture d'un objet sans le mesurer, sans le toucher. Le Ki est aussi perception.

MIZU NO KI

O Sensei employait le mot "*Ki*" dans de nombreux sens. Pour lui, la concentration était le *Ki*. Parfois il s'en servait pour décrire la confiance, la vitalité et souvent la force de l'Univers et la fonction de Dieu. Il n'existe pas de définition complète : il faut appréhender la réalité.

Le *Ki* est l'essence cosmique de l'existence. Nous savons intellectuellement que l'eau est représentée par H_2O, mais en buvant l'eau d'une source, nous oublions l'hydrogène et l'oxygène. L'eau est ce qui apaise la soif. Nous utilisons nos cinq sens à chaque seconde mais nous cherchons toujours une explication philosophique. L'Univers n'en donne aucune, il ne donne que l'expérience. Il faut savoir saisir la réalité et la vérité du moment présent.

L'esprit contrôle les actions mais le *Ki* véritable ne se trouve pas dans l'esprit. Du champ limité de la raison, vous ne pourrez jamais comprendre l'essence de la force. Une connaissance trop intellectualisée étouffe les vibrations de l'âme et ne développe qu'un esprit de stratégie. La logique, les idées ne sont pas nécessairement des vérités. *Ki* est esprit ne font qu'un.

Un jour, j'ai demandé à O Sensei : "Comment pouvez-vous voir Dieu ?" - "Mon Dieu perçoit le tien", dit-il en nous englobant d'un geste. Le corps humain a la forme que Dieu lui a donnée. Chaque cellule, chaque neurone est un récepteur de l'essence du *Ki*, de l'Esprit de Dieu.

Quatre éléments du *Ki* renferment les secrets de l'énergie vitale qu'anime notre esprit et notre corps. Le Ki de la terre, "*Isuchi no ki*", produit l'énergie à travers le processus de la nutrition. La lumière solaire et l'eau se joignent à ses composants, le système digestif se charge de transformer l'énergie en mouvement. "*Mizu no ki*", le Ki de l'eau, est la puissance du souffle : la matérialisation de l'énergie spirituelle. Responsable des échanges d'énergie par la respiration et le renouvellement du sang, le Ki de l'eau est l'énergie des poumons et du cœur. "*Hi no ki*", le Ki du feu, est le flot d'énergie spirituelle contrôlant l'intuition et la clairvoyance. Il existe aussi un Ki subconscient et conscient qui dirige les forces de la pensée, de la raison et de la concentration. "*Kuu no ki*" est le Ki du vide, l'espace à travers lequel les énergies spirituelles vont et viennent. Il représente la communion avec Dieu. Le corps est une machine contrôlée par l'esprit mais c'est le *Ki* qui dynamise corps et esprit.

HI NO KI

KUU NO KI

Chargés d'énergie vitale, nous somme ensuite vidés et purgés par le processus de purification et d'élimination *du misogi*. L'énergie se renouvelle constamment grâce au mécanisme *yin* et *yang* de l'exercice physique et du sommeil, de l'absorption et de l'élimination des déchets. Mais la méthode la plus importante pour parvenir à cette essence de la vie est basée sur le souffle, le *yin/yang* de la respiration. O Sensei dit :

"Les lois de la Nature et les rythmes de l'Univers constituent le livre de base des techniques et de la pratique de l'Aïkido. Les lois qui définissent la structure et la dynamique de l'Univers doivent devenir partie intégrante et intuitive de notre conscience car ces mêmes lois déterminent la structure et la dynamique du corps. L'Aïkido est l'expression physique et intuitive de formules mathématiques. C'est l'esprit qui déplace l'atome, agite les océans, anime le feu et circule dans chaque être humain."

"C'est par le souffle que nous nous accordons à l'art du *Ki* créateur de toute chose. Quand cet art du Ki, "*Ki no myo yo*", s'exprime à travers le corps, il s'appelle *Takemusu Aïki* - le souffle, lien entre le Feu et l'Eau, la circulation des matériaux dans le cosmos. Il est l'expression du temps et de l'espace, d'une pulsion éternelle, d'une réalité au sein de laquelle l'esprit et la matière ne peuvent être séparés."

"Au fur et à mesure que cet état de conscience grandit, un échange doit s'effectuer entre les lois du corps en mouvement et celles de l'Univers. *Takemusu Aïki* est la liberté de cet état de conscience, la sensation d'être au centre du temps et de l'espace, d'être l'essence même du feu et de l'eau s'engouffrant dans l'esprit et dans le corps. C'est grâce à cet échange que les lois résonneront de vérité et seront les mêmes dans le corps et dans l'Univers - d'abord échange, puis résonnance. L'énergie nucléaire, l'explosion de la lumière, du Ki, la vibration électromagnétique, la force gravitationnelle qui fait le vide et produit l'ordre, tous sont unis et l'art du *Kami* jaillit. Le *Ki* est la force nucléaire au cœur de toute chose. Mais c'est le *yin* et le *yang* de la respiration qui diversifie et nettoie. La respiration est l'énergie directrice : c'est la force du *Kokyu*,"

Le souffle est le *musubi*, il rassemble l'essence physique et spirituelle, et contrôle les différents cycles de la nature. L'échange perpétuel entre la vie et la mort nettoie et purifie notre monde. Le chêne abrite et nourrit écureuils et oiseaux. En retour, ceux-ci, à leur mort, enrichissent le sol et le chêne peut s'épanouir et jouer son rôle de protection. L'énergie solaire draine la terre de son humidité, entraînant un rafraîchissement de l'atmosphère, des lacs et des mers. Le *Kokyu* est un processus infini qui relie la galaxie à l'Univers, le soleil à la galaxie, la terre au soleil et l'homme à la terre. Le *Kokyu* est l'évolution de l'énergie, la réincarnation. Il se manifeste dans le rythme des saisons, le mouvement

Mitsugi Saotome

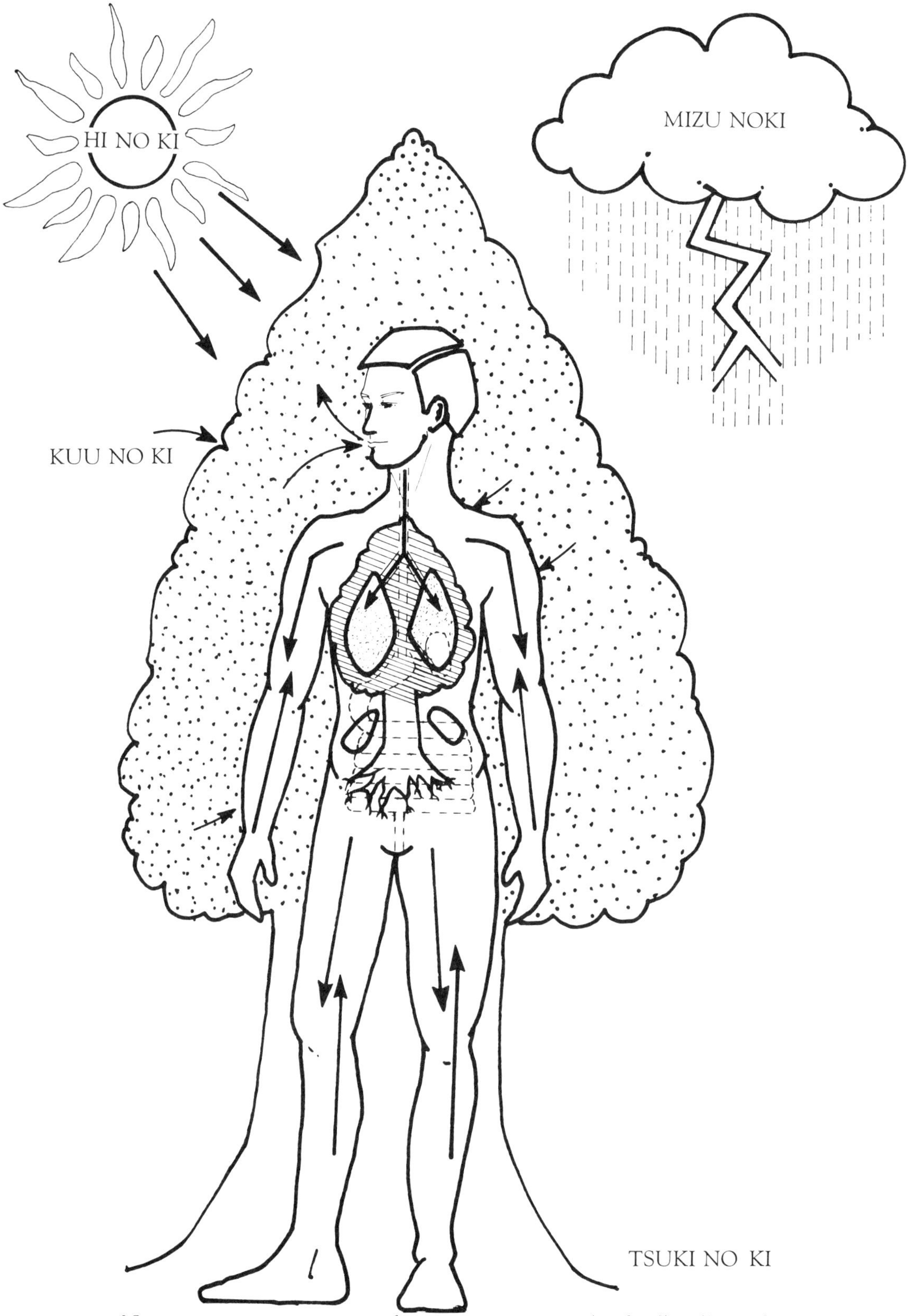

Notre peau et nos poumons fonctionnent comme les feuilles d'un arbre, notre système digestif comme ses racines.

des océans. Il est l'expansion et la contraction qui donnèrent naissance à l'univers et à la terre, l'inspiration et l'expiration des phénomènes naturels, la circulation de l'énergie sous toutes ses formes.

Dans l'étude des arts martiaux et des disciplines spirituelles, on a toujours mis l'accent

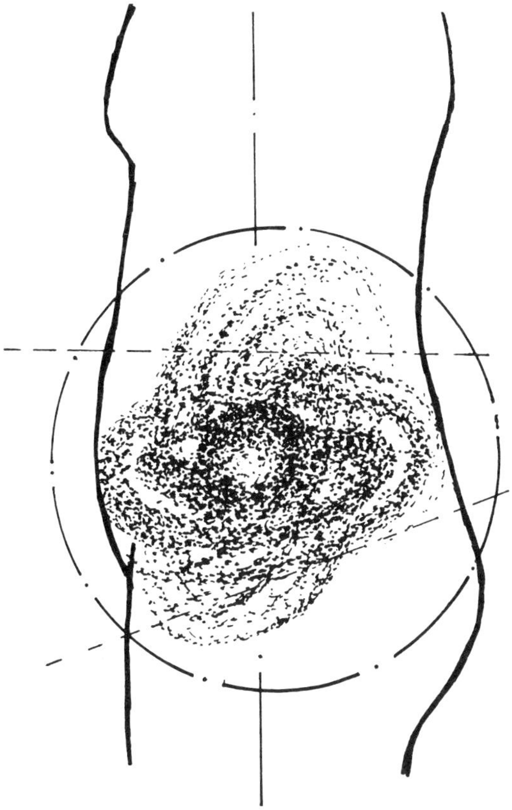

sur le contrôle du souffle qui permet de mieux sentir sa force et ses propriétés de purification. Respirer, ce n'est pas seulement absorber de l'oxygène, c'est aussi remplir chaque cellule de notre corps des énergies qui circulent dans l'Univers.

Nous respirons à peu près seize fois par minute. Mais si, dans une position à genoux, nous respirons profondément avec le *hara* (en obéissant au principe *tanden*), le nombre d'inspirations est réduit à deux ou même parfois une par minute. Inspiré lentement, l'air remplit les poumons et bientôt toutes les cellules sont animées par cette pulsation. A l'intérieur du corps l'air n'est jamais statique, il circule en diffusant des vibrations dans tous les tissus. Puis, de nouveau à partir du *hara,* l'air est chassé encore plus lentement; le corps est totalement vidé et de l'air nouveau pénètre dans toutes les cellules.

Quand la respiration se ralentit, le volume d'air absorbé augmente considérablement, le rythme cardiaque diminue et le sang nettoie le corps de ses toxines. Le cerveau est stimulé par l'augmentation de l'afflux sanguin et les signaux transmis par le système nerveux se répercutent plus rapidement, les mécanismes de défense du corps sont renforcés. La chaleur dilate et rend plus souple, elle accélère les temps de réaction. La baisse de température produite par la respiration profonde contribue au bon fonctionnement de tous les organes, de la souplesse de tous les muscles. Elle stimule le mouvement, la création.

Pendant la méditation, l'ouverture et la disponibilité sont essentielles pour parvenir à dominer l'ego. Le vide du corps se répercute dans l'esprit et les pulsations de la respiration produisent l'étincelle de l'inspiration qui fera découvrir l'intuition et la perception véritables. Le *Satori* vient du *Ki*, c'est-à-dire l'esprit universel et l'énergie cosmique.

O Sensei commençait souvent l'entraînement avec l'exercice de respiration profonde, nommé *Funatori Furutama*. En général, les élèves n'y voyaient qu'un exercice et passaient à côté de sa véritable signification. Tous les pratiquants d'Aïkido sont amenés à le rencontrer. Partant des hanches, ce mouvement imite celui des pêcheurs ou des samouraï ramant vers la bataille. Accompagné d'un *Kototama* puissant provenant du hara, la voix et le corps traduisent le flux et le reflux de la vie. Ceux qui exécutent cet exercice ne forment qu'un seul et même corps car la force individuelle est absorbée par le mouvement général jusqu'à ce qu'on ne puisse plus distinguer une voix de l'ensemble. A travers le souffle, les corps et les esprits se fondent à la Nature, à l'Univers, au vent et à la mer. L'être devient ainsi une vague se déroulant perpétuellement et les contraintes du temps se perdent dans l'espace.

Le corps s'arrête lorsque les vibrations du dernier écho atteignent les confins de l'espace. Les pieds, quittant la position hanni de Funatori, adoptent la position détendue de la

Aura humaine
Couronne solaire

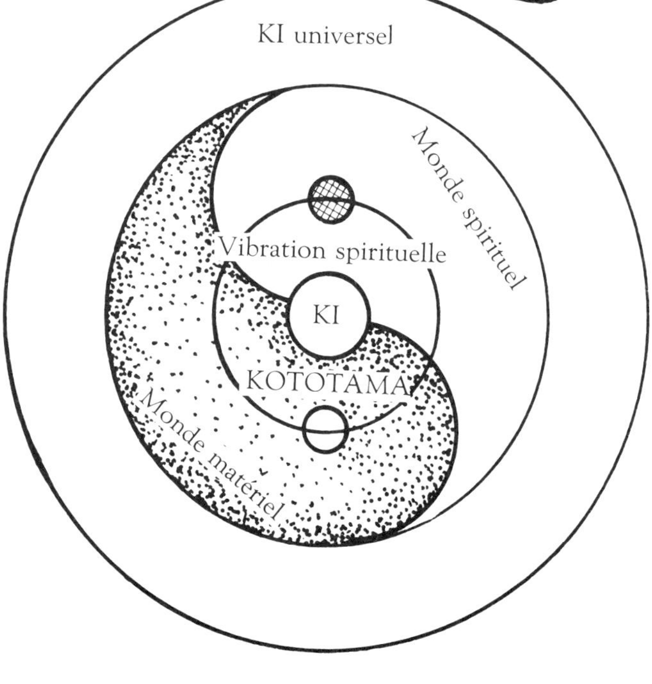
KI universel
Monde spirituel
Vibration spirituelle
KI
KOTOTAMA
Monde matériel

méditation Furutama, jambes écartées (de la largeur des épaules), les genoux légèrement fléchis, le dos droit. On inspire une fois profondément par le nez. Les mains sont jointes, la gauche refermée sur la droite, les paumes arrondies, sans crispation. On lève les bras au-dessus de la tête comme si on voulait étirer le corps vers le ciel, puis on les ramène juste en-dessous du hara. Les mains, en s'abaissant, produisent une compression dans le hara et la respiration devient plus profonde. Les yeux sont mi-clos et l'air est expiré par la bouche. Le temps ne compte plus. Les mains jointes commencent à effectuer un mouvement de vibration régulière parcourant le corps de la tête aux pieds.

Le rythme s'intensifie et la vibration de chaque inspiration diffuse une nouvelle énergie dans toutes les parties du corps : hara, cerveau, le bout des doigts et des orteils. Le temps de pause avant chaque nouvelle inspiration peut être augmenté, ce qui permet au cycle de la respiration d'atteindre sa plénitude entre deux échanges, entre le *yin* et le *yang*. Le rythme doit se poursuivre régulièrement, sans force, sans intervention de la pensée. Le corps, animé par cette vibration, se dilate, rejoint l'Univers et ne formant plus qu'un avec l'esprit, se fond à l'espace.

Comme un sonar, les ondes propagées reviennent à leur point de départ. La température augmente, calme et nettoie, débarrasse et purifie l'esprit, transcende l'ego et l'agressivité. Maintenant vous pouvez peut-être entrevoir la paix de l'esprit universel. Corps, esprit et âme sont chargés d'énergie, prêts à recevoir et engendrer la force. Vous pouvez commencer un entraînement intensif.

Un pratiquant expérimenté pourra s'entraîner seul à cet exercice de *Funatori Furutama* mais il aura besoin des conseils d'un maître. Quant au débutant, il devra s'abstenir et attendre de posséder les bases de la technique avant d'aborder ce mouvement. En alternant les deux formes, vous devez réussir à tenir le misogi pendant une heure : votre transpiration sera abondante, et vous serez parfois saisi d'étourdissements ou de nausées provoquées par l'expulsion des poisons. Pendant cette phase, vous entreverrez peut-être une lueur intérieure : l'esprit devient limpide, des images étranges se forment mais il ne faut pas essayer de les fixer ou de les combattre. Elles doivent se mouvoir librement dans le flux et le reflux de l'espace qui vous habite. C'est à ce moment que, pendant une fraction de seconde, débarrassé des illusions de l'ego, vous connaîtrez la réalité de l'instant et ne ferez qu'un avec l'esprit divin. Mais ne recherchez surtout pas le satori : soyez vide, transparent, fondez-vous à l'espace. Après un moment, cet exercice vous aidera à vous purifier et enrichir la fonction de votre *Ki*, votre énergie vitale.

Le but de l'entraînement n'est pas de développer un Ki puissant. Avoir un *Ki* fort ne signifie pas avoir un bon *Ki*. La qualité essentielle à rechercher est la pureté. C'est la pureté du vide qui permet à l'Univers de pénétrer votre esprit, c'est le miroir qui renvoie l'image de tout ce qui vous entoure sans que le jugement n'intervienne. En Aïkido, le *Ki* est une énergie pure et spontanée qui n'a pas été souillée par le raisonnement. Un *Ki* négatif ne peut engendrer q'une vibration discordante. Un *Ki* positif fait raisonner une vibration harmonieuse.

Technique KUMI IAI utilisant le shoto (sabre court)

Terry DOBANON et Ken NISSEN : UKE
Photos : Carl SHIRAISHI

 Terry DOBANON et Ken NISSEN : UKE *Photos : Carl SHIRAISHI*

Mitsugi Saotome

LE PRINCIPE FONDAMENTAL DU CERCLE

Conférence donnée par Morihei Ueshiba.

La technique de l'Aïkido s'organise autour d'un mouvement circulaire car tout conflit se résout à travers l'esprit du cercle. La réaction du corps et de l'esprit à ce principe est vitale pour la création de la technique.

Un cercle délimite un certain espace et c'est de la liberté parfaite du vide ainsi créé que naît le Ki. A partir du centre de ce cercle, les processus créateurs de la vie sont unis par l'Esprit à l'Univers infini. L'Esprit est le Créateur, le père éternel donnant naissance à toute chose.

Grâce à ce principe, le processus de création de l'esprit est sans limite. Dans ce cercle, le Ki de l'univers est entraîné dans le processus d'évolution et de protection. Le mouvement du Karma s'inscrit dans le cercle de l'équilibre et le Budo de l'Aïkido s'inscrit dans celui de la protection. Le cercle de l'Esprit est la source du KI. Le principe du cercle unit l'esprit et la matière à travers l'Aïkido. Il contient et créé des techniques illimitées car il renferme tout le Ki de l'Univers. Sans lui, il ne peut y avoir ni gloire, ni sagesse, ni intégrité, ni la possibilité d'unir l'esprit à la matière; les fonctions de récupération de l'organisme cessent d'exister. C'est le cycle constamment renouvelé du Kokyu.

Le cercle de l'esprit commence et finit dans l'unité de l'Univers. Le Budo de l'Aïkido jaillit de la maîtrise de cet esprit. Il consiste à embrasser la réaction de cause à effet et d'aborder chaque chose en soi comme si on la tenait dans le creux de la main. Vous avez tous un esprit et vous devez être conscients de l'esprit que chaque être humain renferme. Tout se résout à travers le principe du cercle. Le secret du cercle est de créer une technique pénétrant le cœur de l'espace.

Pénétrer au cœur-meme de l'espace

TADA IMA signifie "maintenant seulement". Seul compte l'instant présent.

CHAPITRE XI

MARUBASHI : ÉLÉMENTS DE LA RÉALITÉ

"Voici le *Takemusu Aïki* de Ueshiba. D'un mouvement de mon bokken, je rassemble toute la force vitale du *Ki* universel. C'est le sabre du passé, du présent et de l'avenir."

"Pendant que je le saisis, il absorbe l'énergie de l'univers et la condense en cet instant. Je tiens à la fois le passé et le futur car je tiens l'infini. Il n'y a plus ni temps, ni espace."

"Ma vie, comme toute vie, a commencé avec la naissance de l'Univers. Ma vie toute entière, des origines de la création jusqu'à ce jour, est contenue dans ce sabre. Elle est la réaction dynamique de l'infini. Voici le sabre de la vie éternelle."

La voie d'O Sensei grondait et son *bokken* coupa le souffle de ceux qui le regardaient. J'étais son *uke* pour la démonstration et me préparai aux longues explications qui devaient suivre. Je changeai de garde, passant de *Kamae* à la position *Gedan*, plus confortable. J'étais derrière lui et effectuai ce changement sans faire de bruit. Mais, bien que ne me voyant pas, il avait senti une vibration, une légère baisse d'intensité dans ma présence et il perçut cet infime décalage entre mon esprit et le sien.

Voici l'épée de la vie infinie

Il se retourna brusquement et mon sang ne fit qu'un tour. Je ne voyais plus que ses yeux perçants remplis de colère me fixant derrière le *bokken* qu'il avait arrêté à quelques centimètres de ma gorge.

"Ta concentration ne doit jamais faiblir, ne relâche ta garde à aucun moment", s'écria-t-il. "Le *Ki* universel n'est jamais séparé de l'espace et ton esprit ne doit jamais être séparé de l'ennemi. L'œil de l'*Aïki* n'est pas un œil physique. Qu'il fasse jour ou nuit, quelle que soit sa direction, sa rapidité, l'œil spirituel doit détecter la vibration. Il transcende le "moi". Son ouverture est celle de l'Univers. C'est l'œil du vide qui reflète la lumière de la vérité.

KAN NO MEI

Seuls les techniciens sans grande expérience utilisent l'œil physique, celui de la stratégie et de la ruse. Ne pouvant trancher avec leur esprit, ils ne font appel qu'à leur ego. Pour l'œil physique, la technique n'est qu'un jeu car il est pressé de savourer la victoire. Pourquoi les gens ne comprennent-ils pas que la victoire signifie absence de conflit ? Absence de conflit veut dire absence de séparation. L'œil physique ne peut percevoir la vérité du satori."

L'entraînement Budo est l'étude de la réalité, de la vie et de la mort, et la quête de la force physique et spirituelle aidant à affronter cette réalité. Si le but de l'entraînement est de gagner, une conscience sportive se développe, il devient un jeu et il faut établir les règles pour protéger les adversaires, le résultat n'ayant aucune valeur réelle. Lors d'une compétition, les seules préoccupations sont de savoir qui est le plus fort, qui est le plus rapide. La compétition ne sera jamais un reflet fidèle de votre être, de vos réactions, elle ne révèlera que votre esprit stratégique. Mais lorsque l'enjeu est la vie ou la mort, les réactions et donc l'issue du combat sont totalement différentes. Avec comme seul objectif la survie, les faibles peuvent rassembler des forces insoupçonnées et les forts succomber à la peur.

Quand la vie n'est pas en jeu, il est trop facile d'oublier que les aptitudes physiques et les connaissances techniques ont des limites. L'ego veut oublier ces limites et en profite pour prendre des proportions presque irréelles. Le *misogi* du *Budo* est perdu, la force spirituelle de l'entraînement aussi car la question de vie ou de mort n'a plus d'importance. Comment voulez-vous renoncer à l'attachement de la vie et de la mort si vous ne pensez qu'à gagner ? Comment voulez-vous renoncer à l'ego et pénétrer l'esprit de l'ennemi ? Un entraînement sérieux consiste à faire tomber les barrières du jugement et de l'ambition qui vous séparent de la communication, à engendrer une confiance spirituelle.

"En Aïkido, l'esprit doit être au service de la paix de tous les peuples de la terre et ne doit pas rechercher la puissance et la conquête. S'affronter, vaincre ou perdre ne sont pas le vrai *Budo*. Le vrai *Budo* ne connaît pas la défaite. N'être jamais battu signifie ne jamais se battre." Morihei Ueshiba.

SEI SHI ICHI RYO

Un jour, je demandai à O Sensei : "Dans l'entraînement Budo et Zen, on entend souvent la phrase "la vie et la mort ne font qu'un". Je ne comprends pas ce principe." O Sensei rit et me lança : "D'accord, vas-y, meurs !" "Mais Sensei, je ne comprends pas. Si je meurs, je ne pourrai plus vous poser cette question, elle n'aura plus d'importance." Ryokan Zenji a dit : "Si le moment de mourir est venu, vas-y, meurs. Si tu traverses de dures épreuves, tu dois souffrir jusqu'au bout. Mais il faut renoncer à tes désirs, tes idées préconçues. Tu dois t'abandonner à la nature."

"Je sais que tu as lu les enseignements de Ryokan Zenji mais la littérature ne t'éclairera jamais sur la vie ou la mort. Si elle le pouvait, nous serions tous des saints maintenant et le monde serait délivré de la misère."

"Tu viens de travailler à la ferme. Combien de pas as-tu faits pour venir jusqu'ici?" Surpris, je bredouillai : "Peut-être cinquante ou soixante. Je ne sais pas exactement." O Sensei s'impatienta : "Depuis combien d'années fais-tu de l'Aïkido? Pourquoi es-tu aussi stupide et ne comprends-tu pas ma question?"

Ne comprenant pourquoi O Sensei s'acharnait sur moi, je baissai la tête et il continua : "Un voyage de mille kilomètres commence avec un pas. Notre vie est faite de l'enchaînement de mouvements dans le temps. Peu importe si tu peux vivre mille années, tu ne peux vivre que le moment présent. Le passé et le futur ne comptent pas : tout moment du passé est perdu à jamais et tout moment futur ne viendra jamais. La lumière contient l'ombre et dans l'ombre il y a la lumière. Et dans la vie nous trouvons la mort, qui renferme la vie.

"Peut-on rapprocher ceci de l'idée du Kannagara, la réincarnation dans le flot spirituel de la création?" demandai-je.

"Tout à fait. La vie se renouvelle à chaque instant avec l'intention d'enrichir le processus. Quand tu manges du riz, il se transforme en énergie qui te maintiendras en vie. S'il n'y avait pas de vie dans ce grain de riz, il ne servirait à rien. L'air aussi est vivant, il anime le souffle de la respiration. Tous les éléments de l'Univers renaissent et se retrouvent dans une partie infime de notre vie. Quand les êtres vivants meurent, ils retournent dans les entrailles de la terre et ainsi toutes choses coexistent et contribuent au processus créateur de la nature. Voilà en quoi la vie et la mort ne font qu'un."

"Tu dois te le rappeler, aucune forme de vie, même une bactérie ne peut disparaître de cet univers. Il faut que tout pratiquant d'Aïkido en soit conscient. La mort en tant que fin n'existe pas. La relation yin yang est le flux et le reflux du Ki, qui est le processus de la vie et de la mort. La mort n'est qu'une phase transitoire de la métamorphose de l'existence éternelle."

"Sensei, la plupart des gens sont inquiets au sujet de la mort, et du monde qu'ils connaîtront après la mort. Que devient l'âme? Qu'est-ce qui fait que l'on va au ciel ou en enfer?
"Je ne peux savoir ce qui arrivera à ton âme après la mort et je ne peux rien prédire sur la vie de l'au-delà. Seul le Créateur le sait. Tout homme prétendant savoir ce qui se passe après la mort commet un blasphème. Ceux que la vie après la mort préoccupe trop ne peuvent être conscients de l'immortalité. Si le bien est fait avec l'intention d'être admis au Paradis et de jouir d'une meilleure situation dans la vie de l'au-delà, c'est pure hypocrisie. La Vérité ne se fabrique pas, elle est innée. Notre devoir est donc de vivre pleinement en respectant toutes les manifestations de l'amour divin."
Puis je demandai : "Mais que signifie élever sa conscience spirituelle au moyen du *misogi?*
Le *misogi* a pour but de te rendre conscient de l'amour de Dieu qui est en toi, il révèle la pureté de ton esprit. Si le cristal de ton esprit est voilé, sa vérité ne peut être perçue. Ainsi le *Takemusu Aïki* se fond à cette vérité, qui ne connaît ni passé, ni futur, la vérité de l'instant présent."

"Cet instant de vérité ne contient que du vide. La mort n'existe pas, il n'y a que l'esprit éternel. C'est dans son royaume que l'on rencontre la sagesse et la diversité de l'*Aïki wasa*. Ne fuis pas dans le passé, ne rêve pas du futur : vis l'instant présent, ainsi tu découvriras la véritable essence de ton être."
Lors de ses nombreux séminaires de démonstrations, O Sensei disait souvent : "Aucune force extérieure ne peut m'ébranler, je reste calme quelle que soit la rapidité et ls style de l'attaque. Pourquoi? Parce que je suis vide, je ne suis attaché ni à la vie, ni à la mort. Je m'en remets totalement à la sagesse de Dieu. Détachez-vous de la vie ou de la mort face à l'ennemi mais aussi dans votre vie de tous les jours."
Renoncer à son attachement à la vie ne signifie pas mourir plutôt que lutter pour la vérité. Renoncer à son attachement à la mort

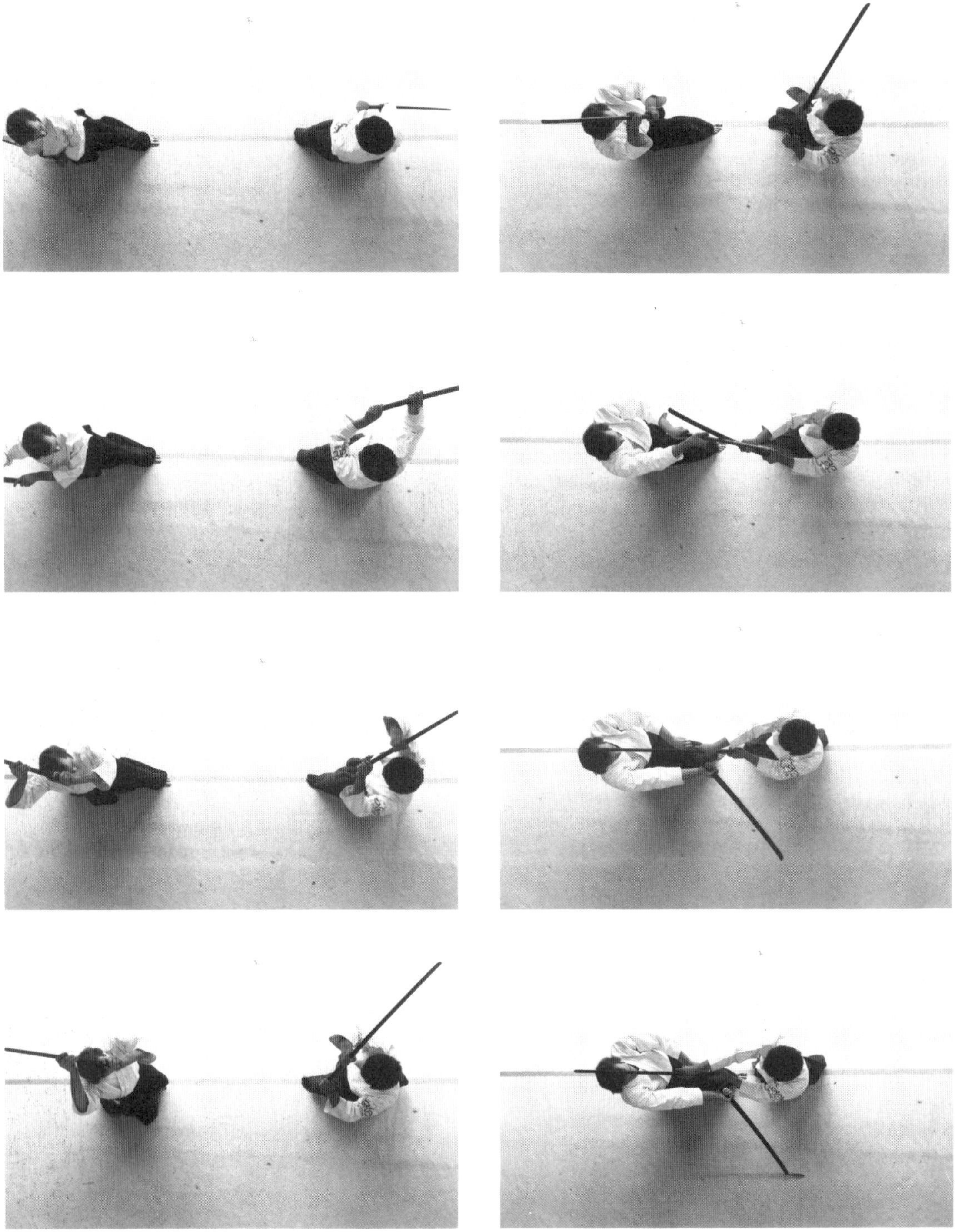

Couper dans le même temps à travers son sabre et son esprit

n'implique pas qu'on prenne la fuite. Ces deux réactions reflètent la peur et la faiblesse. Il s'agit en fait de refuser d'être contrôlé par la peur et l'égoïsme qui empêchent "l'œil spirituel" de voir. Sans penser à fuir, et même si la douleur ou la mort vous menace, vous devez persévérer dans la Voie, le cœur libéré de tout égoïsme, remettant votre destin entre les mains de Dieu. Voilà en quoi consiste l'esprit qui refuse le conflit. "Hier n'est qu'un souvenir, demain un espoir mais l'instant présent est réel. Passé, présent et futur ne peuvent être séparés car tous sont contenus dans cette réalité, cet instant décisif ne permettant aucune hésitation."

"Marubashi qui signifie le pont de la vie est une technique de l'école de Sabre Yagyu. Quand l'ennemi attaque avec son sabre, on entre directement sur la trajectoire de son attaque sans dévier ni à droite, ni à gauche, comme si on voyait à travers son sabre et son esprit. Dans cette forme d'entrée directe, on s'expose à la mort."

MARUBASHI

La philosophie qui est à l'origine de cette technique perçoit la vie comme un pont long et étroit traversant des eaux torrentueuses. Quand on affronte l'ennemi au milieu du pont, la fuite est impossible. Battre en retraite ou hésiter signifie être suivi et coupé en deux par le sabre. S'échapper sur la droite ou sur la gauche, c'est plonger dans les eaux agitées. En choisissant la vie, on rencontre la mort à coup sûr. Le seul chemin est celui de l'ennemi : il faut pénétrer au cœur de son attaque en pensant à un échange dans le temps et l'espace et non à une séparation. C'est l'esprit d'Irimi (entrer). Si l'esprit se projette dans l'avenir, le présent est neutralisé : le passé devient futur et le futur prend la place du présent. Ce n'est qu'en renonçant à l'attachement au temps et à l'espace, à la vie, que la véritable liberté de choisir la mort peut être atteinte. Choisir la mort, c'est vivre. La pratique doit rendre cette notion instinctive.

Mai-ai, espace ou distance, peut être comparé au passé. *De-ai*, ou le timing, est l'instant précis de la rencontre; le *Zanshin* se rattache à l'avenir, il est le prolongement de l'énergie et ds la vigilance. De nombreux pratiquants d'Aïkido ne pensent qu'à l'aspect technique de l'entraînement, oublient souvent ces trois points essentiels. C'est

MA AI

grâce à cet enchaînement, que les mouvements d'Aïkido renferment la beauté des gestes de la danse mais ont en plus la puissance de ceux du guerrier. En contrôlant ces trois éléments, temps, espace et énergie, vous parviendrez aisément à maîtriser ceux dont la force physique est supérieure à la votre. *Ma-ai* représente la distance temps/espace séparant deux forces et leurs positions respectives. *Ma-ai* peut se traduire par intervalle, espace ou par union convergence. *Ma-ai* est donc la réunion de l'espace, l'harmonie du vide. L'univers lui-même est un principe du ma-ai qui s'exprime dans les distances et les positions des galaxies, des étoiles et des planètes. Le principe est le même dans le domaine de la structure moléculaire. Pour que les forces fonctionnent, il faut qu'elles se partagent le vide et que les distances et leurs positions respectives soient exactes. La structure de notre corps est aussi basée sur la notion de *ma-ai* : écartement des yeux, des oreilles, des organes vitaux assurant un équilibre harmonieux.

En Aïkido, dire que quelqu'un est un bon technicien implique qu'il peut avec efficacité contrôler l'espace avec son corps. Il est rare

Un échange du temps et de l'espace avec l'intention de pénétrer au cœur-même de l'ennemi.

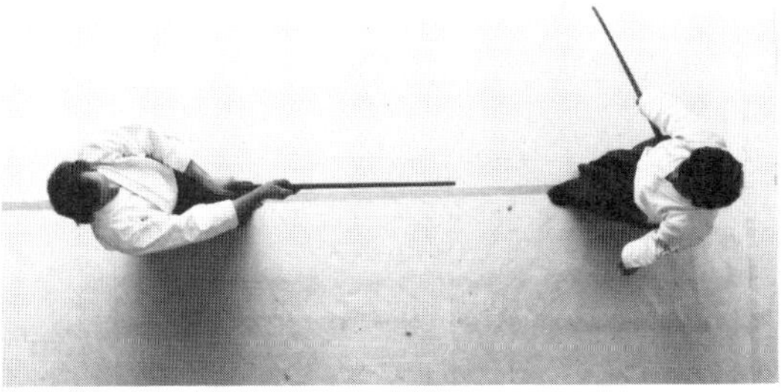
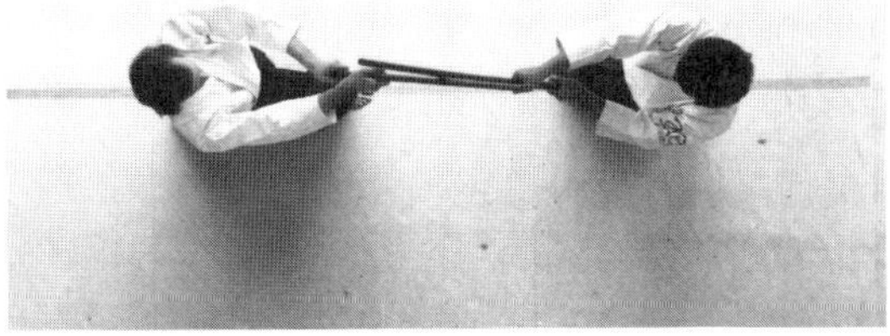
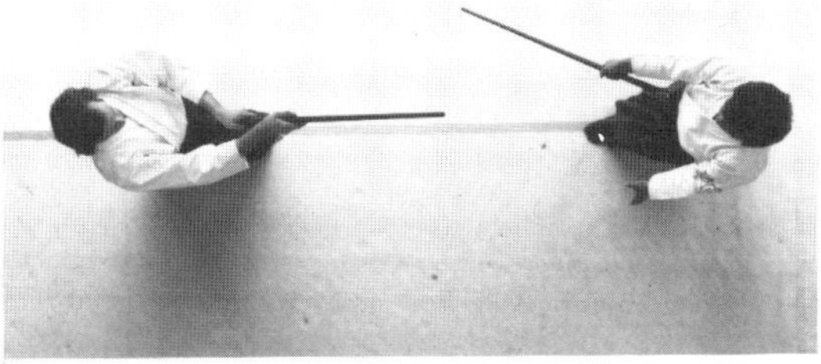
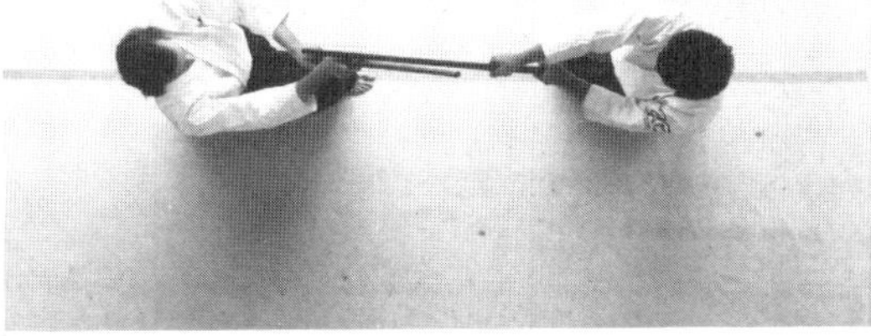
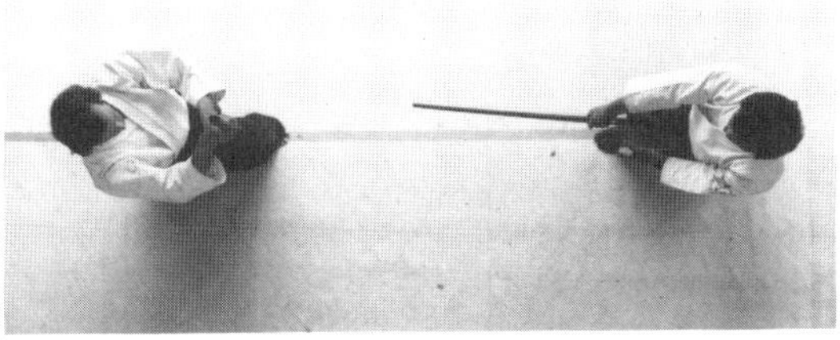
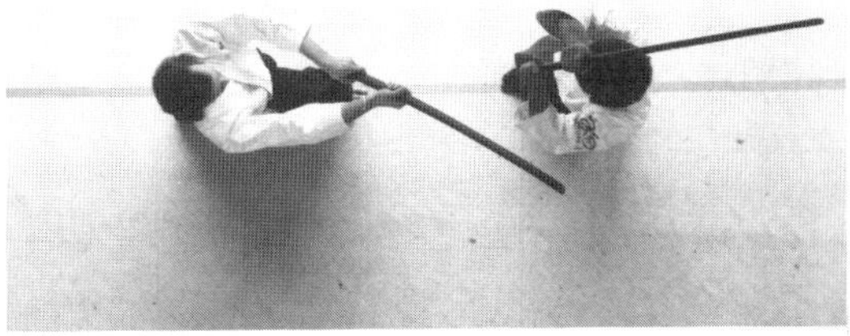
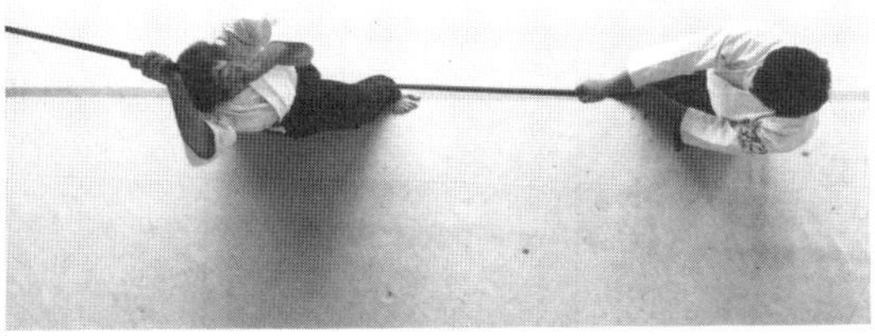
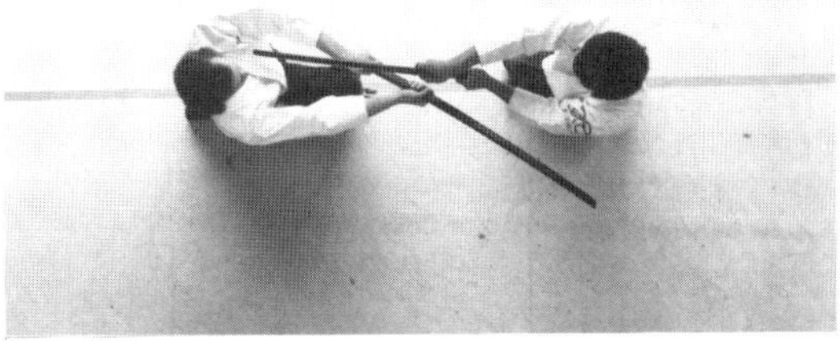
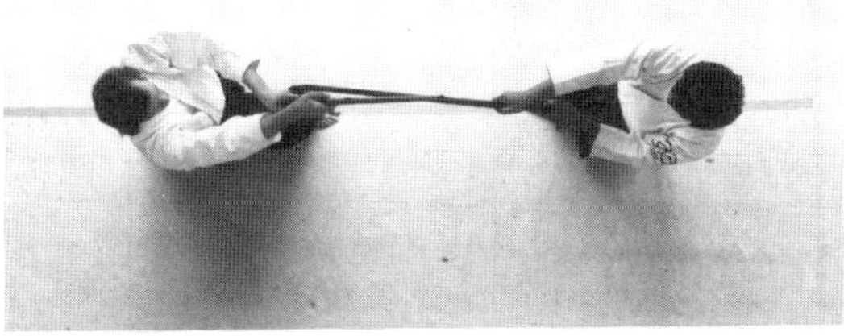
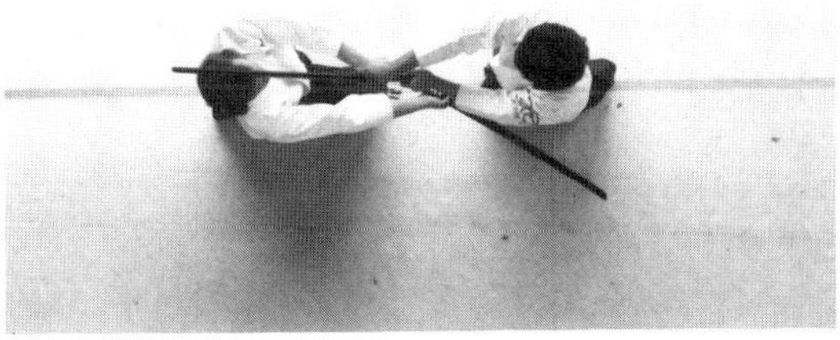

Kevin CHOATE : UKE

de rencontrer deux partenaires dont les capacités sont équivalentes. Chacun a des qualités physiques différentes. Mais dans le temps et dans l'espace, tous les individus sont égaux. Un bon pratiquant des arts martiaux se fiera moins à sa force physique qu'au contrôle judicieux du temps et de l'espace.

Dans une bataille, les flèches peuvent avoir une portée d'à peu près cent mètres. L'ennemi sait exactement à quelle distance se placer pour ne pas être touché. Les mêmes principes s'appliquent aux combats individuels. Quelle que soit la force et la rapidité de l'attaque de l'adversaire, vous lui échappez si vous êtes hors de sa sphère, en changeant de position : le coup passe alors à côté de vous, sans vous toucher. *Kami Shitoe* est l'expression qui illustre cette différence, c'est-à-dire l'épaisseur d'une feuille de papier. Sur un côté de cette feuille figure le caractère Kanji de la mort, sur l'autre celui de la vie. Dans le contrôle de l'espace, des différences infimes ont une grande importance et c'est dans l'épaisseur d'une feuille de papier que réside le secret d'*Irimi*.

KAMI SHITOE

Tout grand artiste maîtrise le *ma-ai* car que ce soit sur une toile, sur une pellicule ou un bloc d'argile, par son contrôle de l'espace il crée une dimension qui captive l'esprit et suscite des réactions d'ordre émotionnel. Sa maîtrise s'exprime non pas à travers l'espace qu'il remplit, mais par le vide qu'il sait créer en vous. Il en va de même dans l'art de la guerre : un grand général crée un motif en utilisant l'espace, le mouvement de ses troupes, leur position stratégique. Il essaie de créer une illusion, de provoquer une réaction basée sur la peur, l'audace ou la haine de l'adversaire.

Toute étude approfondie des arts martiaux ne doit pas se limiter à l'aspect technique mais doit poursuivre la recherche du *ma-ai*. L'utilisation appropriée de l'espace est déterminée aussi bien par "les mouvements" de l'esprit et leur direction que par la distance.

Quand deux maîtres du sabre s'affrontent dans la bataille, ils ne commencent pas par attaquer dans l'espoir d'obtenir quelque avantage car ils n'offrent à l'adversaire aucune ouverture matérielle. Ils attendent. Leurs corps se tiennent à distance pendant que leur esprit et leur volonté s'engagent dans cette lutte invisible. Chacun doit rester complètement calme et ouvert, détaché de la vie et de la mort. Quand on se tient sur le seuil de la vie ou de la mort, les vibrations émanant du corps et de l'esprit ne peuvent mentir, c'est l'être véritable qui est mis à nu. Un maître comprend ceci et il attend un déséquilibre, une ouverture dans la garde de l'autre. Chacun essaie de faire le vide, cet espace vierge dans lequel il pourra capturer l'esprit et les vibrations de l'ennemi tout en cernant l'espace de sa présence. Si l'ennemi enregistre une vibration de colère, d'incertitude, un déséquilibre devient sensible. Une fois que l'espace spirituel est rempli par cette vibration, une ouverture est créée et il frappera dans l'instant. Si l'ennemi perçoit la moindre baisse de concentration, il profitera de cette faiblesse et de cette ouverture. Il faut donc entrer en contact avec l'espace spirituel de l'adversaire et le contrôler avant qu'il ne réagisse. Ceci est l'*Aïki* : ni temps, ni espace.

La découverte du monde du mai-ai aiguise la perception, l'intuition et la lucidité car le *ma-ai* spirituel est le vide, l'espace chargé négativement et qui conduit les échos de la vibration. Connaître l'ennemi est une des premières exigences de la guerre, il faut savoir lire dans ses pensées. Mais en Aïkido, il ne s'agit pas pour autant de se livrer à un entraînement "psychologique" : la meilleure compréhension s'acquiert dans le contexte naturel de l'entraînement. On apprend d'abord à lire les mouvements du corps, puis ceux de l'esprit et enfin on peut toucher l'âme. Les secrets de l'Aïkido ne se révèlent qu'à travers l'expérience.

De-ai, ou le timing, est utilisé pour contrôler l'espace et susciter une réaction : la ren-

Vous devez contrôler le vide et l'entourer de votre présence. Dans cet espace négatif, vous pouvez capturer l'esprit et la vibration de l'ennemi et profiter de son ouverture.

contre du positif et du négatif, l'harmonie de l'échange. De ai est le moment de vérité. Dans le domaine scientifique, le *de-ai* se manifeste dans les réactions nucléaires. On peut dire aussi que la rencontre de l'Est et de l'Ouest, deux cultures diamétralement opposées, constitue une forme de *De-ai*. Le contrôle du *de-ai* est essentiel dans la pratique de l'Aïkido : c'est seulement grâce à cette maîtrise du temps et des relations spatiales qu'un mouvement peut être exécuté correctement.

出会

DE AI

Cette étude de "l'instant" exige un mélange paradoxal de concentration intense et d'entière disponibilité. Fixer sa concentration sur un point donné, comme la main, le sabre, les pieds, rétrécit le champ de vision physique et spirituel. Les yeux se fatiguent, la nuque et les épaules se crispent, les muscles des jambes se raidissent. Cette perte de souplesse entrave la perception et freine toute réaction immédiate et spontanée. On perd la notion de timing si la réaction n'est amorcée que lorsque l'information a atteint la conscience physique. On la perd aussi quand la réaction se produit alors que le sabre, les mains ou les pieds de l'adversaire ont déjà bougé. Pour percevoir le mouvement spirituel, la concentration requiert un esprit totalement serein, sans objectif précis, un regard qui ne soit pas fixé sur le sabre.

Un contrôle efficace du timing n'est pas forcément un contrôle précipité. Le temps de réaction doit être proportionnel à l'attaque de l'adversaire. Il faut attendre patiemment le moment opportun et créer l'ouverture. Mais toute précipitation détruit le processus. On comprend aisément pourquoi une lenteur excessive est aussi à proscrire. Si vous amorcez votre mouvement trop tôt, avant que l'attaque de l'adversaire n'ait pris forme, il aura l'avantage. Vous avez précipité le processus et même si votre exécution est parfaite techniquement, vous avez vendu la mèche. L'ennemi pourra rectifier sa position, vous suivre et vous couper en deux. Le temps de réaction sera adéquat si, au moment de l'attaque, vous pouvez prendre l'adversaire en défaut. C'est au moment de son attaque que l'ennemi est le plus vulnérable :l'attaque absorbe toute sa concentration, son énergie physique et mentale, et à ce stade il ne peut plus changer de direction. L'esprit de l'attaque est faible car l'espace spirituel n'a plus assez de place pour contenir celui de la défense. Le moment où la force est la plus grande est aussi le plus vulnérable. Vous devez entrer sans crainte dans le rythme de l'attaque et vous préparer à mourir.

Après de nombreuses années de pratique, en abordant la technique suprême qui est l'absence de toute technique, vous pourrez saisir ce moment à sa conception. Il vous sera possible d'obliger l'ennemi à entrer dans votre propre rythme en captivant et en contrôlant son esprit d'attaque. Mais vous n'y parviendrez que si votre esprit est totalement vide et pur, débarrassé de l'égoïsme, de l'agressivité et de l'impatience.

ICHI GO ; ICHI E

Chaque rencontre n'offre qu'une seule chance. *Ichi go, ichi e* : une vie, une rencontre. La même situation ne se présentera pas deux fois. Il vous faudra un esprit reposé, disponible aux variations de chaque instant : le temps ne fait jamais marche arrière. Un jour, pendant l'entraînement, il me vint à l'idée que c'était peut-être la dernière fois que je voyais O Sensei dans ce Dojo et la dernière occasion de recevoir ses conseils. Seul compte le moment présent. Demain n'est qu'une hypothèse. Il n'y a pas de deuxième essai. C'est le sens profond de *Ikkyo* : la vie toute entière se concentre dans l'instant présent.

C'est au XVe siècle, un des siècles les plus sanglants de l'histoire du Japon, qu'apparut l'art le plus serein dans sa recherche de paix et d'harmonie : la cérémonie du thé, qui est la célébration du *de-ai*, du moment présent. C'est l'appréciation et le culte de la réalité : la beauté simple, naturelle et dépouillée de ce qui est imparfait ou asymétrique. Le pavillon de thé est une construction en bois s'inspirant de la simplicité des maisons rurales. Les matériaux sont choisis et assemblés avec un soin infini et sont laissés dans leur forme et leur état naturels. Toits de chaume, architecture légère et insouciance apparente dans la simplicité, tout concourt à traduire la fugacité du monde matériel. Cet aspect éphémère du pavillon de thé s'oppose à la réalité de l'esprit éternel (le pont est un ruisseau, la rivière n'est pas un ruisseau).

L'espace intérieur est presque vide et ne contient que quelques objets exprimant la sensibilité esthétique du moment. Aucun son, aucune couleur, aucun mouvement ne doivent troubler cette subtile harmonie. L'utilisation des matériaux bruts et l'asymétrie des motifs donnent une impression d'inachevé. L'invité est un élément essentiel contribuant à créer l'atmosphère. C'est de la recherche de la perfection plutôt que de la perfection elle-même inaccessible que naissent à cette occasion douceur et bien-être.

Une lueur dorée imprègne l'atmosphère et tout reflète une pauvreté digne et raffinée. Rien n'est neuf, sauf la cuillère en bambou et les serviettes blanches, tout est propre et immaculé. L'hôte prépare seul la cérémonie pendant des heures, obéissant à un rituel aussi important que celui du thé lui-même.

Le jardin donne aux visiteurs un avant-goût de l'esprit du thé qui sera servi et un discret parfum d'encens, porté par la brise, l'invite à pénétrer à l'intérieur. Il franchit

Hashi wa nagarete; kawa wa nagarezu
Le pont est un flot; et la rivière n'est pas un flot

sans bruit le seuil d'une porte ne mesurant qu'un mètre de haut, en se baissant, signe d'humilité et de gratitude. Les armes n'ont pas accès à ce sanctuaire et doivent être déposées à l'extérieur, sous l'avant-toit. L'invité prend place, puis l'hôte entre discrètement et sans bruit : leurs gestes ont la délicatesse et l'élégance naturelle d'une estampe.

Chaque mouvement de la cérémonie s'effectue avec une économie de gestes et une grande précision. Son accomplissement est une méditation profonde instaurant une communion entre les participants. Dans cet échange total où seule intervient l'intuition, toute parole est superflue. La paix et le silence sont absolus, hôte et invités partageant dans le même instant et le même espace cette seconde d'éternité contenue dans une tasse de thé.

La saveur du thé imprègne l'air et l'instant : c'est peut-être leur dernière rencontre. Demain, la mort peut survenir. Qui pourrait soupçonner l'intensité de cette communion spirituelle que seul vient troubler le frémissement de l'eau bouillante ou le bourdonnement d'une abeille sur l'écran *shogi*, tel le roulement lointain d'un tambour? Dans le silence, ces bruits sont les échos émanant de l'univers tout entier.

Hôte et invités quittent le vide et le calme de cette pièce, ramassant leurs armes et vont à la bataille. Ils entendront bientôt les cris des blessés et des mourants et l'air sera chargé de l'odeur âcre de la mort. Ils verront le visage torturé de l'ennemi, ruisselant de sang, de sueur et de poussière. Ils affronteront l'Enfer.

A cette époque de luttes incessantes, la tasse de thé partagée était un symbole de vie, son arôme évoquant un moment suspendu du temps, de l'éternité. Le souvenir de cet instant de paix infinie se prolongeait dans l'esprit du guerrier. Il symbolisait la rencontre et la séparation, la joie et l'amertume. Peu importe la durée de la vie, elle ne dure qu'une seconde renouvelée par votre esprit à chaque instant. *Ichi go, ichi e.*

Où, quand et comment affronter une force adverse? *Ma-ai* représente l'harmonie et le contrôle de l'espace, *de-ai*, l'harmonie et le contrôle de la rencontre. Enfin *Zanshin* est l'harmonie et le prolongement de l'énergie. *Zanshin*, prolongement de l'esprit prépare à l'action suivante. Nous mourons chaque nuit et renaissons le lendemain matin. *Irimi-Tenkan* (entrée et pivot) traduit le même renouveau, la mort et la renaissance en un seul mouvement. Le *Kokyu* (respiration) lui aussi est un échange, un renouvellement. Dans le *Furutama misogi*, nous échangeons notre souffle avec l'univers afin de recevoir la vibration de la création. L'expression "*on koshi shin*" signifie étudier le passé afin de raffiner l'avenir. *Zanshin* est la continuité de la Vie, de la circulation de l'énergie. C'est le *Tao*; c'est le *Do* (la Voie).

ON KOSHI SHIN

Dans l'étude de l'Aïkido, être *uke* ou *nage* ne marque pas la fin d'un processus (chuter ou faire chuter) mais le début de l'action suivante. La concentration ne doit jamais faiblir, la garde ne doit pas se relâcher, même une fraction de seconde. Il faut rester vigilant, conscient du partenaire ainsi que de tout ce qui se passe autour, prêt à capter le *de-ai*, à faire face à l'imprévu, dans n'importe quelle direction. Votre concentration doit adhérer à celle du partenaire. Chaque seconde sur le *tatami* devrait être chargée de la même intensité, comme si votre vie était en jeu. Zanshin est l'avenir, mais commence maintenant. La qualité de votre *Zanshin* reflète celle de votre Aïkido. Chaque fibre du corps est dotée de *Zanshin*, chaque action, chaque contact est enregistré et stocké. Les réactions appropriées, la satisfaction ainsi que la douleur et les erreurs sont imprimées à jamais dans la mémoire. A force de répéter sans cesse les mouvements, le corps tout entier capte et enregistre les différentes situations, les contraintes des mouvements, les types de partenaires. Avec un esprit vide et ouvert, il vous sera aisé de sélectionner intuitivement le mouvement adéquat, afin d'affiner la technique et l'attitude. Vous en tirerez une meilleure compréhension du partenaire, une communication plus sincère dans vos relations avec les autres, avec la vie.

Ne vous attachez pas à des idées préconçues sur la droiture et l'attitude à adopter car chaque situation est unique. Le processus de la molécule d'ADN enregistre les données génétiques, éliminant celles qui ne pourront s'adapter. C'est le sens du *Keïko* : étudier les souvenirs et les expériences passées pour que la réaction du moment présent soit instantanée et opportune. Dans la vie quotidienne, le *Zanshin* est un principe de recyclage dans les relations humaines, dans l'environnement. Il entraîne perfectionnement et épanouissement.

O Sensei nous a tellement donné qu'il semble impossible de comprendre tout son enseignement. Mais le plus important est de ne jamais renoncer à l'entraînement, d'être réceptif aux idées nouvelles. Peu importe si vous ne comprenez pas tout immédiatement. C'est de cet esprit de recherche incessante que naît le *Zanshin*. Le passé se cristallise dans le présent et se projette dans l'avenir.

La technique provient-elle de la philosophie ou la philosophie de la technique? Peu importe, car philosophie et technique ne sont que les facettes d'une même réalité et étudiées isolément, elles n'ont aucune valeur. Il est essentiel de développer un esprit fort et de libérer le corps en l'entraînant à faire face à la réalité de chaque situation. Chaque rencontre est un choix entre la vie et la mort.

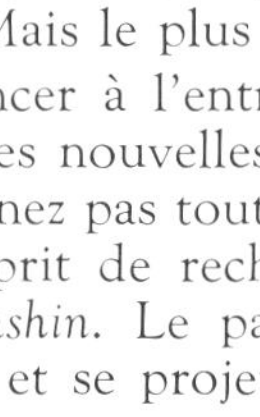

ZANSHIN

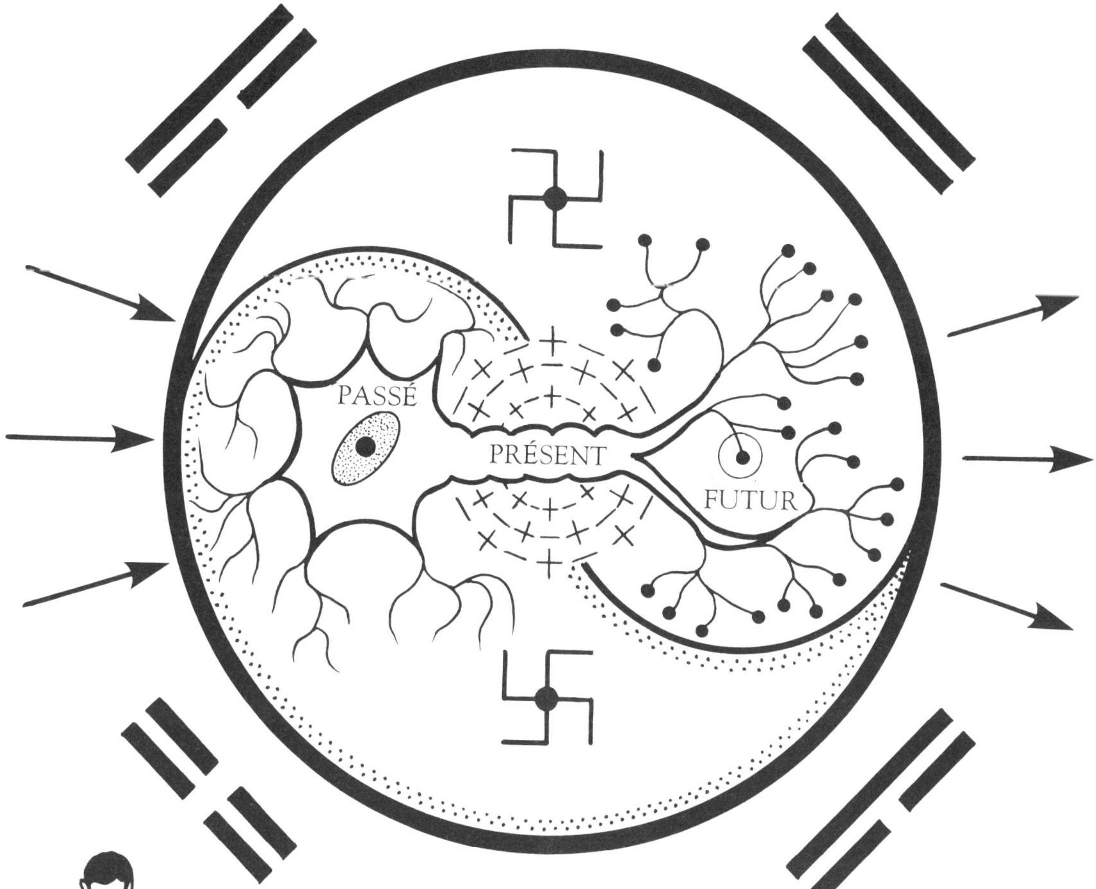
PASSÉ
PRÉSENT
FUTUR

SHUGYO est la purification quotidienne, la lutte de chaque jour, c'est l'éducation consistant à raffiner et purifier la qualité de la vie.

CHAPITRE XII

TECHNIQUE ET ENTRAINEMENT

Il y a de nombreuses années, je donnais un cours au Hombu Dojo et je montrais Kokyu Ho. Absorbé dans les explications détaillées que je donnais à des *Yudansha* (niveau ceinture noire), je n'avais pas vu que dans un coin du tapis deux débutants s'affrontaient dans un véritable corps à corps, épaules voûtées, et bras raides. On aurait dit du *Sumo* plus que de l'Aïkido. Je n'avais pas non plus remarqué la présence d'O Sensei qui était venu au *Dojo* pour regarder l'entraînement, comme c'était son habitude. "Qui fait le cours ?" gronda-t-il, furieux. Quand il m'aperçut, il me montra les deux débutants, complètement ahuris, et dit : "Saotome, tu es en train de démolir le principe d'Aïkido. J'élabore un système d'entraînement et d'éducation, et tu détruis sa signification".

基本技

KIHON WAZA

Ce système est l'étude et le perfectionnement des *Kihon Waza*, (technique de base) qui est le fondement du principe d'Aïkido. C'est l'essentiel de sa philosophie concentrée en une série de mouvements fondamentaux, chacun illustrant sous un angle différent un même principe. Beaucoup de gens s'imaginent étudier l'Aïkido : ils font *Ikkyo*, *Shihonage* ou *Iriminage*, persuadés qu'ils savent exécuter correctement ces trois techniques différentes. Ils se trompent : au lieu de séparer les techniques pour les étudier, il faut comprendre leurs points communs, leurs applications et leur portée philosophique. Un *ikkyo* parfait n'existe pas mais tout *ikkyo* exécuté avec spontanéité et sincérité, en harmonie avec une situation donnée peut être considéré comme juste. Les élèves essaient souvent de copier la forme exacte d'un mouvement telle qu'elle est montrée par un maître mais pour lui aussi, *ikkyo* n'est jamais le même. La forme exacte ne peut être reproduite des dizaines de fois. Dans chaque situation, il faut tenir compte de l'intensité, de la direction, de l'attaque, de la forme du corps, de la musculature et de la position du partenaire, sans oublier le timing. L'application doit donc changer en conséquence. La technique est la création d'une forme jaillissant spontanément dans l'instant. Il ne s'agit jamais du même instant ou de la même forme mais les principes de base sont immuables.

Un journaliste sportif travaillant pour un grand quotidien de Tokyo vint au *dojo* pour interviewer O Sensei. Celui-ci lui parla du principe de l'*Aïki*, sa philosophie, son but. Impressionné par ce qu'il avait dit, le journaliste lui demanda de faire une démonstration afin d'accompagner l'article d'une photo illustrant les principes philosophiques du mouvement. O Sensei appela un élève et montra un *irimi* très puissant, projetant son *uke* à plus de cinq mètres. Fasciné, le photographe dit : "S'il vous plaît, Sensei, refaites-le encore une fois. Cette photo sera excellente." O Sensei commença à montrer de nombreux mouvements et projections. Il s'arrêta, regarda le photographe, mais ce dernier lui dit encore : "C'est merveilleux, mais pourriez-vous refaire la première technique, juste une fois ?" O Sensei se remit à montrer des mouvements tous différents et comportant de nombreuses projections, puis il se tourna vers le photographe et dit : "Alors, avez-vous pris votre photo ?" Apparemment très frustré, le reporter répondit : "C'était passionnant mais s'il vous plaît, j'aimerais que vous fassiez à nouveau la première projection."

- "Comment, je ne comprends pas, vous êtes pourtant un professionnel. L'*Aïki* n'a pas une forme. A chaque situation différente correspond un mouvement approprié. Le même mouvement ne peut être répété sur commande. Vous devez en saisir l'essence, capter l'image spontanément. Il n'y a pas de "prochaine fois". C'est ça, l'*Aïki*."

De nombreux groupes venaient souvent visiter le dojo pour assister à des démonstrations et des conférences d'O Sensei. Il montrait presque toujours irimi, mais son approche était différente suivant les intérêts de chaque groupe. Pour les danseurs, il mettait l'accent sur la grâce et la beauté et la puissance du mouvement. Face à un groupe de Budokas, il insistait sur la puissance incisive et son application martiale. A des artistes, il montrait la puissance de la créativité et la conscience artistique qui se forge au cours de la pratique. L'essence de l'Aïkido est la spontanéité et le changement.

L'Aïkido ouvre de vastes horizons et chaque technique de base a de nombreuses applications et méthodes d'entraînement en vue de produire des résultats différents. Par exemple, si on insiste sur le contrôle de l'espace, *Ikkyo* n'aura pas sa forme de base purement technique et sera exécuté d'un point de vue différent.

L'enseignement d'O Sensei évoluait subtilement de jour en jour, d'année en année. L'expérience, l'entraînement quotidien élargissent le champ de la sagesse. Mais entre deux ikkyos enseignés à dix ans d'intervalle, il y avait une différence énorme, même si la technique, elle, semblait identique. Son esprit sa philosophie s'étaient affinés. Il mettait dans sa pratique quotidienne toute son énergie, son expérience, sa vision, ses prières. Ceux qui ne s'intéressaient qu'à la forme ne pouvaient percevoir cette évolution intérieure. Pour interpréter l'enseignement d'un maître, il faut avoir un regard particulier, voir audelà de la forme, aller jusqu'au cœur. Les Kihon Waza ne sont pas faciles à comprendre car il faut découvrir et vérifier soi-même la vérité de leurs principes. Mais grâce à l'étude des propriétés et des réactions de l'énergie et au développement de la force physique qui en découle, on parvient mieux à les appréhender. Chaque mouvement des *Kihon Waza* est l'élément de base servant de catalyseur à l'évolution spirituelle.

Tant que vous ne savez pas attaquer correctement, votre réaction à une attaque ne sera pas appropriée. Ce n'est qu'en vous adaptant à la technique que vous pouvez étudier les réactions et la dynamique de l'énergie. En attaquant, vous donnerez à votre partenaire une occasion de réagir et d'affiner sa technique. A votre tour, vous en tirez des enseignements précieux et pouvez détecter ses points forts et faibles. Au fur et à mesure que vous progressez, vous comprenez pourquoi un mouvement n'est pas efficace et comment un changement subtil peut le rendre opérant. Les fautes du partenaite et les vôtres vous font progresser.

Pendant un cours, le professeur montre des techniques et chacun travaille le même mouvement afin d'assimiler le mécanisme de défense approprié. Sachant déjà ce qu'il doit faire, *Uke* (celui qui attaque et reçoit la force de la technique) n'aura donc pas de mal à anticiper et à arrêter le mouvement. Mais cette forme de travail est malhonnête et doit être bannie. Chaque technique est conçue pour l'étude d'une direction particulière et dépend de l'assimilation de la force de l'attaquant. Si *Uke* résiste, tout échange est impossible et l'application technique ne peut être exploitée. Toute attaque doit être franche et sincère, émanant du centre des deux partenaires avec un esprit totalement lucide. Cette attaque est exécutée avec une concentration maximale comme s'il s'agissait de la première et de la dernière. Seul compte le moment présent.

En *jyu waza* (technique libre), l'accent est mis sur la spontanéité et toute attaque est bonne à partir du moment où elle est sincère. Mais les *Kihon waza* sont la base de tout mouvement spontané et leur progression doit être rigoureuse.

Dans les cours d'un niveau plus avancé, la résistance devient un élément important de l'entraînement. Mais il ne s'agit pas de développer l'esprit de compétition : la résistance doit se manifester au moment opportun avec une totale honnêteté, sinon elle est nuisible et dangereuse. L'art de l'esquive de l'*Ukemi* (technique de chutes et de protection) est le premier pas dans l'étude de l'Aïkido. J'ai souvent vu des pratiquants bloquer au moment le moins favorable, révélant à leur adversaire leurs points faibles, s'exposant ainsi à des atemis dans les côtes ou au visage et résistant alors qu'une pression supplémentaire de leur partenaire pouvait facilement leur démettre l'épaule, le coude ou leur casser le poignet. Ceci n'a rien à voir avec le self-défense ou l'entraînement et n'est que stupidité aveugle. C'est à l'uke de ne pas laisser d'ouvertures et de se protéger. Pour y parvenir, il doit aller franchement jusqu'au bout de son attaque et accepter l'ukemi, être disponible et conscient de ce qui se passe autour, prêt à réagir au de-ai suivant. Résister avec profit demande beaucoup d'expérience : il faut savoir marcher avant d'apprendre à courir.

Le travail de l'*ukemi* est conçu de manière à ce que l'impact de la chute ne s'effectue pas sur une partie du corps seulement. Le contact se fait de l'épaule à la hanche opposée sous forme d'une roulade. Au lieu d'atterrir sur le dos dans une position vulnérable, on se relève aussitôt en position *Hanmi*. Contrairement aux chutes brutales du judo, le mouvement circulaire utilisé en Aïkido épargne les reins et la région du foie. La chute constitue en fait un massage et un assouplissement des épaules, du dos et des cuisses. Dans certains cas, des problèmes de lordose ou de scoliose peuvent se résorber. La circulation sanguine est stimulée, l'énergie étant diffusée dans toutes les parties du corps, provoquant ainsi l'élimination des toxines. C'est aussi un excellent exercice pour développer le champ visuel et le sens de l'équilibre. Les meilleurs *uke* sont en général les meilleurs techniciens.

Apprendre à être un bon uke consiste tout d'abord à savoir évaluer les capacités du partenaire. Il est aberrant d'attaquer un débutant avec une force démesurée : celui-ci ne pourra réagir à temps et n'en tirera aucun profit sur le plan technique. Il est également déconseillé d'attaquer trop fort par rapport à ce que l'on est capable de subir en tant qu'*uke*. Une bonne attaque n'est pas obligatoirement rapide ou puissante : elle doit être contrôlée, sincère et doit s'adapter à la situation du partenaire.

Nage est celui qui exécute la technique, celui qui projette. C'est lui qui a la responsabilité la plus grande dans le contrôle : il doit apprendre à connaître le seuil de douleur de son partenaire et ajuster son mouvement. C'est à ce moment que le sens *Budo de* "protéger le Karma de l'ennemi" prend toute sa valeur. Il s'agit de protéger l'individu qui menace votre propre vie et qui vous donne en même temps l'occasion de parfaire votre technique.

Dans le feu de toute action martiale, il est essentiel de transcender son "moi". Chaque mouvement est l'occasion d'une remise en question. C'est cette lutte intérieure que le débutant ne peut encore ressentir : il ne s'agit pas de défier le partenaire, mais de se mettre soi-même au défi, et pour cela il faut savoir percevoir les vibrations de l'autre. Le mouvement doit être l'application intuitive de l'énergie universelle. Vous devez vous fondre à l'Univers. Chaque moment est Katsu, un réveil spirituel, une gifle morale qui ébranle l'esprit. Il ne suffit pas d'avoir les yeux ouverts, il faut que l'œil spirituel soit éveillé, sinon toute réaction spontanée devient impossible. Si dans chaque mouvement vous pouvez concentrer toute votre vie, toute votre énergie, votre esprit recevra une étincelle et vous découvrirez une parcelle de *satori*. Un bon partenaire sait transmettre le satori, il est le miroir ou la pierre sur laquelle vous pouvez polir votre esprit. Quand vous aurez appris à vous servir pleinement de vos cinq sens, les sixième et septième sens de la conscience spirituelle deviendront accessibles.

Le véritable but de l'Aïkido est de mener une vie plus riche, plus intense. Votre force ne vous servira à rien sur le tapis si, dans la vie quotidienne, vous n'avez pas encore appris à communiquer avec les autres. En affinant vos réactions et en subissant des pressions sur le tatami, vous améliorez aussi votre comportement et votre rapport avec les autres. Sur le tapis, la fuite est impossible, il faut faire face aux contraintes avec confiance et maîtrise. Méditer à genoux constitue sans doute un exercice profitable mais la méditation en dynamique de l'Aïkido apprend à rester calme et concentré au milieu du danger, à être ouvert, à capter les vibrations des autres, à neutraliser leur agressivité.

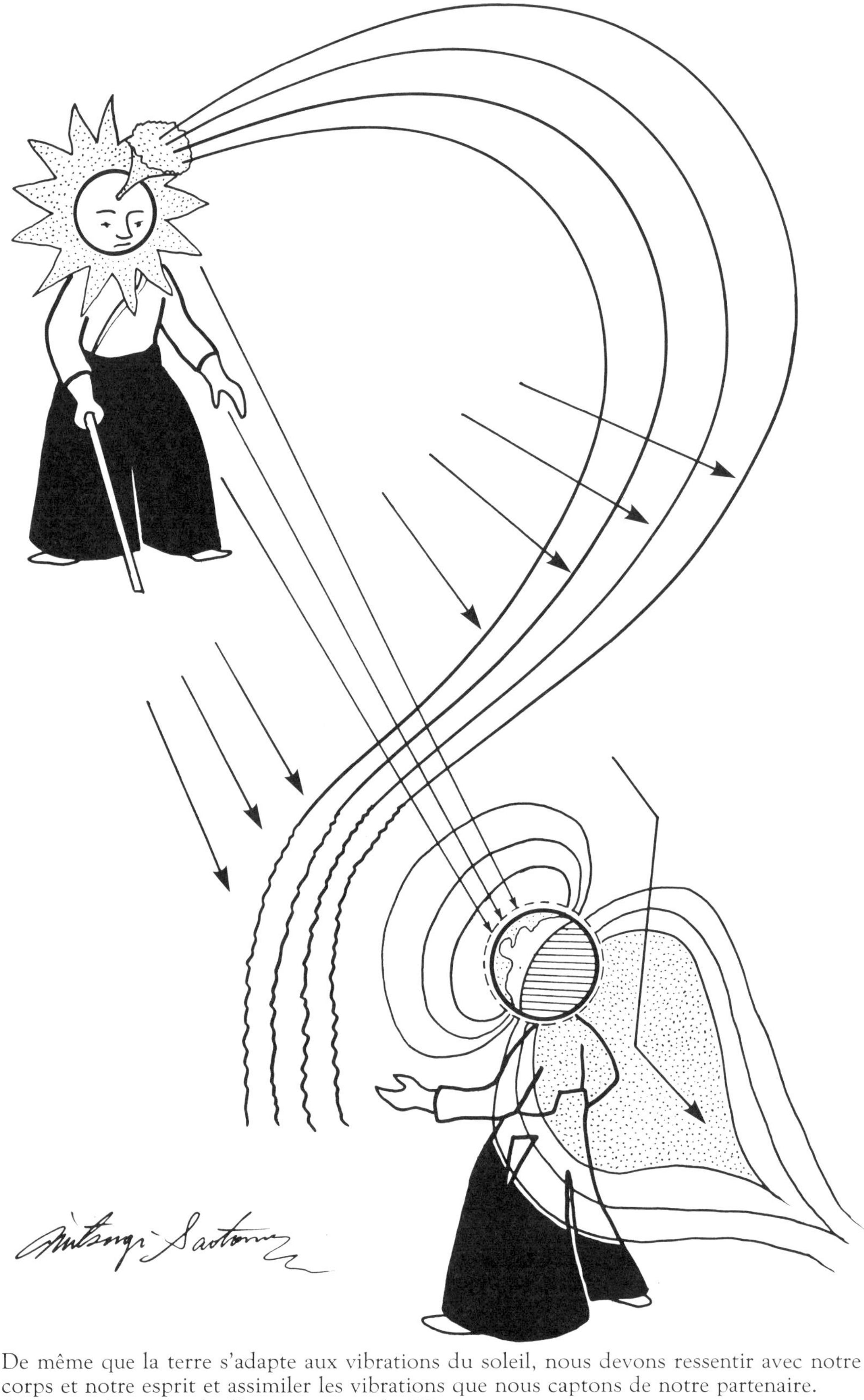

De même que la terre s'adapte aux vibrations du soleil, nous devons ressentir avec notre corps et notre esprit et assimiler les vibrations que nous captons de notre partenaire. C'est une forme vitale d'entraînement du KI.

Les descriptions des techniques qui vont suivre ne sont en aucun cas exhaustives. A ceux qui pratiquent déjà, elles donneront des points de repère, une direction à suivre. A ceux qui ne sont jamais montés sur un tatami, elles donneront, je l'espère, l'envie d'essayer et de chercher un bon professeur. L'Aïkido ne s'explique pas uniquement avec des mots et les conseils d'un professeur qualifié ainsi qu'une pratique régulière sont indispensables. L'Aïkido est une philosophie de l'action.

HANMI

Beaucoup d'arts martiaux ont en commun certaines gardes ou postures de défense, chacun s'exprimant cependant dans un style qui lui est propre. En Aïkido, la garde n'est pas une garde véritable, une attitude de défense, une attente : c'est une position qui permet une totale liberté de mouvement dans n'importe quelle direction. Tout mouvement commence, se déroule et finit en hanmi.

La forme de *hanmi* s'inscrit dans un triangle et correspond au déplacement naturel de la marche. Un pied est placé devant l'autre, les genoux sont fléchis et le poids du corps peut se déplacer librement à tout moment. Beaucoup de pratiquants se demandent souvent quel pied avancer ou avec quelle main parer l'attaque. Cette hésitation ralentit le temps de réaction : si la mauvaise jambe est en avant, il suffit de faire un pas en déplaçant le poids du corps. Il faut éviter d'adopter une position *Kamae* particulière, afin d'avoir une vision globale du partenaire. Ne vous arrêtez jamais dans vos déplacements, ne résistez pas inutilement et ne laissez pas votre corps dépasser les limites de son équilibre. Vos pieds doivent toujours se situer sous votre centre, prêts à se déplacer s'il le faut.

SEIZA KOKYU RYOKU TANDEN HO
(technique à genoux du contrôle de la respiration)

Kokyu est à la base du musubi, le fondement de tout principe d'Aïkido. *Uke* saisit les deux poignets, mais à travers les poignets, il doit essayer de saisir le centre du partenaire. La force des mains ne suffit pas, c'est l'énergie du corps tout entier qui doit les traverser. Les deux partenaires sont assis en *seiza*, presque genou contre genou, avec la sensation de s'enfoncer dans le sol. Il existe trois formes de base pour les saisies : sur les côtés des poignets (forme la plus commune), par dessus et par en dessous. L'énergie se libérant dans des directions différentes, le mouvement doit être adapté en conséquence.

Nage doit rester totalement détendu et souple, et un esprit d'unité doit précéder le mouvement. Il faut rechercher le vide. Ne luttez jamais avec l'esprit du partenaire, oubliez tout conflit personnel. Vous devez recevoir l'énergie du partenaire, vous y unir et la faire vôtre : l'absorber dans votre hara pour que les deux energies se rejoignent dans un même courant.

N'essayez pas de déséquilibrer votre partenaire en ne vous servant que de vos bras. Mais faites partir votre force du *hara*, contrôlez et recyclez l'énergie dans un mouvement de spirale. L'espace occupé par votre corps ne doit pas limiter l'amplitude du mouvement : étendez-le à l'univers. Vous êtes au milieu de la galaxie et assis au centre de la structure atomique. Votre partenaire et vous êtes les symboles vivants du *yin* et du *yang*, la circulation des énergies contraires s'unissant dans une spirale.

Les épaules sont décontractées et avec le poids du corps, enfoncez-vous dans le sol. Les coudes sont souples et baissés, puisant l'énergie dans le hara. Commençant par les poignets, les mains décrivent un mouvement de spirale, épousant celui du corps et enroulant l'énergie à partir de la saisie du partenaire.

Les deux mains doivent bouger ensemble en décrivant comme le corps une spirale. Quand votre partenaire vous saisit, vos mains et votre corps l'aspirent dans votre mouvement, lui faisant lever les coudes et les séparant ainsi de son centre. Il suffit pour le déséquilibrer d'allonger votre mouvement.

L'exercice de *Kokyu ho* n'est pas un combat ayant pour but la victoire. Pour les débutants surtout, ce type d'entraînement doit être abordé avec beaucoup de prudence. Le corps doit être souple sans aucune raideur dans les bras. Votre perception et votre sensibilité doivent être en accord avec le mouvement de votre partenaire, que vous soyez *nage* ou *uke*, et votre conception de la force changera et deviendra multi-dimensionnelle, ne faisant appel à aucune résistance, mais seulement à la souplesse. Vous serez alors en mesure de saisir la force incroyable du *musubi*.

KOKYU HO est la structure et la force du Musubi, son mouvement est la base de tout principe d'Aïkido.

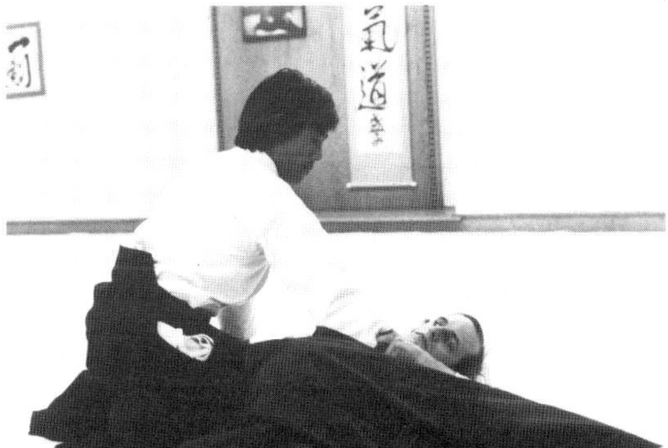

Kevin CHOATE : UKE

Tout mouvement d'Aïkido est condensé dans cet exercice de Kokyu ho. Il renferme tous les secrets techniques et tous les autres mouvements en découlent. O Sensei dit : "De même que la dynamique de la spirale exerce une influence sur la position de votre corps, elle crée une révolution dans votre esprit et dans votre cœur. Et vous ne ferez qu'un avec le mouvement universel."

TACHI WAZA KOKYU TANDEN HO (même technique de contrôle du souffle exécutée debout).

L'Aïkido, on le répète assez souvent, ne dépend pas de la force musculaire. Les muscles doivent cependant être développés, sans pour autant entraver la souplesse du mouvement. La technique de saisie à deux mains d'un poignet du partenaire est un excellent exercice pour le développement des muscles, à la fois pour le *nage* et l'*uke*. Comme dans la plupart des techniques de base, la méthode diffère suivant l'effet désiré. Qu'il s'agisse d'une forme statique ou dynamique, les principes de base, l'attitude et l'exactitude du mouvement sont toujours primordiaux. Même sous la forme statique, les muscles ne doivent en aucun cas se contracter ce qui provoquerait un raidissement de tout le corps.

Dans cette technique, *Uke* saisit fermement à deux mains un de vos poignets. Comme dans la forme du *Kokyu ho* à genoux, "Uke" doit vous saisir avec l'intention de vous immobiliser tout entier. Se servant de votre bras comme d'un sabre, il doit faire passer toute son énergie et sa concentration à travers lui pour atteindre votre centre. Ne vous raidissez pas et ne réagissez pas avec précipitation. Votre concentration doit être transportée par votre souffle, provoquant une détente totale du corps et de l'esprit. Et comme toujours, l'esprit prend l'initiative. Recevez l'énergie du partenaire et comprimez-la dans votre *hara*. Votre corps tout entier doit se contracter pendant que les hanches descendent et pivotent pour diriger les deux énergies en un seul courant. Ne vous opposez pas à la force de l'attaque : votre centre reste libre et peut amorcer la réaction. Le point de contact bouge le dernier, guidé par le reste du corps qui peut se déplacer librement. Les deux bras doivent être ramenés vers le centre pour être reliés à l'énergie, coudes baissés, genoux fléchis en descendant tout le poids du corps et en gardant le dos droit.

Vu de l'extérieur, ce mouvement ressemble à un combat, une lutte mais en fait il requiert une perception et une concentration très subtiles. Quelle que soit la force du partenaire, vous devez rester calme, sans l'ombre d'une pensée hostile. Dès que vous commencez à lutter, votre esprit s'enferme et le mouvement s'arrête.

En se concentrant sur la respiration, sur son mécanisme physique, on est en mesure de comprendre le souffle d'énergie cosmique qui donna naissance à l'Univers et à toutes les formes de vie. Cette concentration sur le souffle se travaille et développe l'équilibre, améliore la force de gravité. Les vibrations du monde matériel agissent sur celles de l'esprit. La force gravitationnelle comprime l'énergie jusqu'à ce que la friction obtenue produise une explosion. Toute la force, physique et spirituelle se concentre en un point au moment où les bras se croisent et commencent à monter. C'est la rencontre de l'eau qui coule sur un plan horizontal et du feu qui s'élance vers le ciel. La tension est libérée à partir du *hara*, le corps et l'esprit se projettent dans l'espace et les bras ouverts, suivant le mouvement des hanches, renvoient la force du partenaire qui se trouve en déséquilibre.

Il ne faut pas négliger l'importance de la respiration : en inspirant, on rassemble l'énergie, en expirant, on la libère. C'est le mouvement de l'univers, et au fond de votre esprit se forme l'image de la Création, de la formation des étoiles et des planètes, l'éclosion d'une fleur recevant la chaleur du soleil, toute la force de la vie. Le but de l'entraînement est de découvrir votre véritable dimension spirituelle.

SHOMEN UCHI IKKYO.

Shomen uchi est une attaque frontale visant à trancher la tête sur un axe partant du sommet du crâne et passant entre les deux yeux. L'ancien nom de cette attaque est "*men no tanren*", c'est-à-dire le centre de la tête. C'est une attaque difficile à exécuter pour les débutants. En général, ceux-ci attaquent avec le bras à l'extérieur du corps. A n'importe quel moment de l'attaque, on doit pouvoir porter un *atemi* et protéger l'axe du corps. En levant le bras, vous devez viser chacun des points vitaux du partenaire et essayer de contrôler son espace à tout instant. Votre main doit être dirigée vers son centre, se préparant à frapper à la hauteur de la ceinture, puis du plexus, de la gorge et de l'arête du nez. L'attaque ainsi visualisée s'étend finalement jusqu'au sommet du crâne.

A cause de cet alignement, il est plus difficile d'évaluer la profondeur et la vitesse de l'attaque que dans une attaque latérale. Si vous vous concentrez sur la main qui attaque, vous serez déséquilibré sur l'arrière, votre attitude sera celle de la fuite et votre de-ai sera capturé : vous n'aurez pas le choix de vous déplacer sur la gauche ou sur la droite. Il faut voir le mouvement naître du centre du partenaire, et s'occuper non pas de sa main, mais de la direction de sa force. Votre corps doit être droit et vous permettre de bouger dans n'importe quelle direction. Soyez ouvert et réceptif, sans esprit calculateur afin d'avoir une perception exacte de l'attaque. Avant le contact avec l'avant-bras du partenaire, votre détermination et votre déplacement doivent être à même de contrôler son centre.

DO CHU SEI

Votre bras tendu rencontre celui du partenaire avec l'esprit de kokyu ho, c'est-à-dire sans aucune intention de lutte. Le contact se fait en conservant le sens de l'attaque. Un mouvement continu en spirale permet un subtil changement de direction et les deux énergies se trouvent rassemblées. C'est le *musubi*. Si vous ne pouvez vous unir à l'attaque, tout mouvement est impossible. Il faut apprendre à utiliser toute la force de votre corps et de votre esprit avec une souplesse et une délicatesse qui permettent de détecter le moindre déplacement, la moindre intention de votre partenaire. Il est essentiel d'apprendre à communiquer avec chaque partenaire, tant sur le plan physique que mental, d'une manière intuitive et spontanée.

SEI CHU DO

Dans chaque mouvement, dans chaque attaque, il existe un point fixe. Votre regard doit apprendre à le repérer, comme l'obturateur d'un appareil photo. La notion de rapidité est très relative : la même attaque paraîtra plus rapide à un débutant qu'à un pratiquant plus expérimenté. Le regard et la perception se modifient peu à peu. Si vous continuez à vous entraîner, il arrivera un moment où l'attaque, quelle que soit sa rapidité, vous semblera aussi lente qu'une séquence filmée au ralenti. L'harmonie ne comporte ni temps, ni espace, ni séparation. Nous partageons la même vibration créatrice, mais aveuglés par l'égoïsme, nous ne la percevons pas et ne pouvons communiquer. L'harmonie est aussi communication.

Ikkyo constitue le premier mouvement fondamental. A propos de l'étude des techniques, O Sensei se plaisait à dire : "*Irimi nage* et *Shiho nage*, dix ans. *Ikkyo*, toute une vie". L'interprétation de la technique change avec le temps et l'expérience, et le mouvement reflète l'évolution et la compréhension. Il existe une forme de base, mais pas de structure rigide et fixe. Chaque matin, il faudrait se réveiller avec l'esprit ouvert, débarrassé des soucis de la veille. Chaque *ikkyo* doit être abordé avec cet esprit.

Lorsqu'on enseigne, on insiste toujours sur un mouvement ou une sensation particulière. Et bien souvent, les débutants sont les plus attentifs et réceptifs aux explications.

Contraction; rassembler et condenser l'énergie.

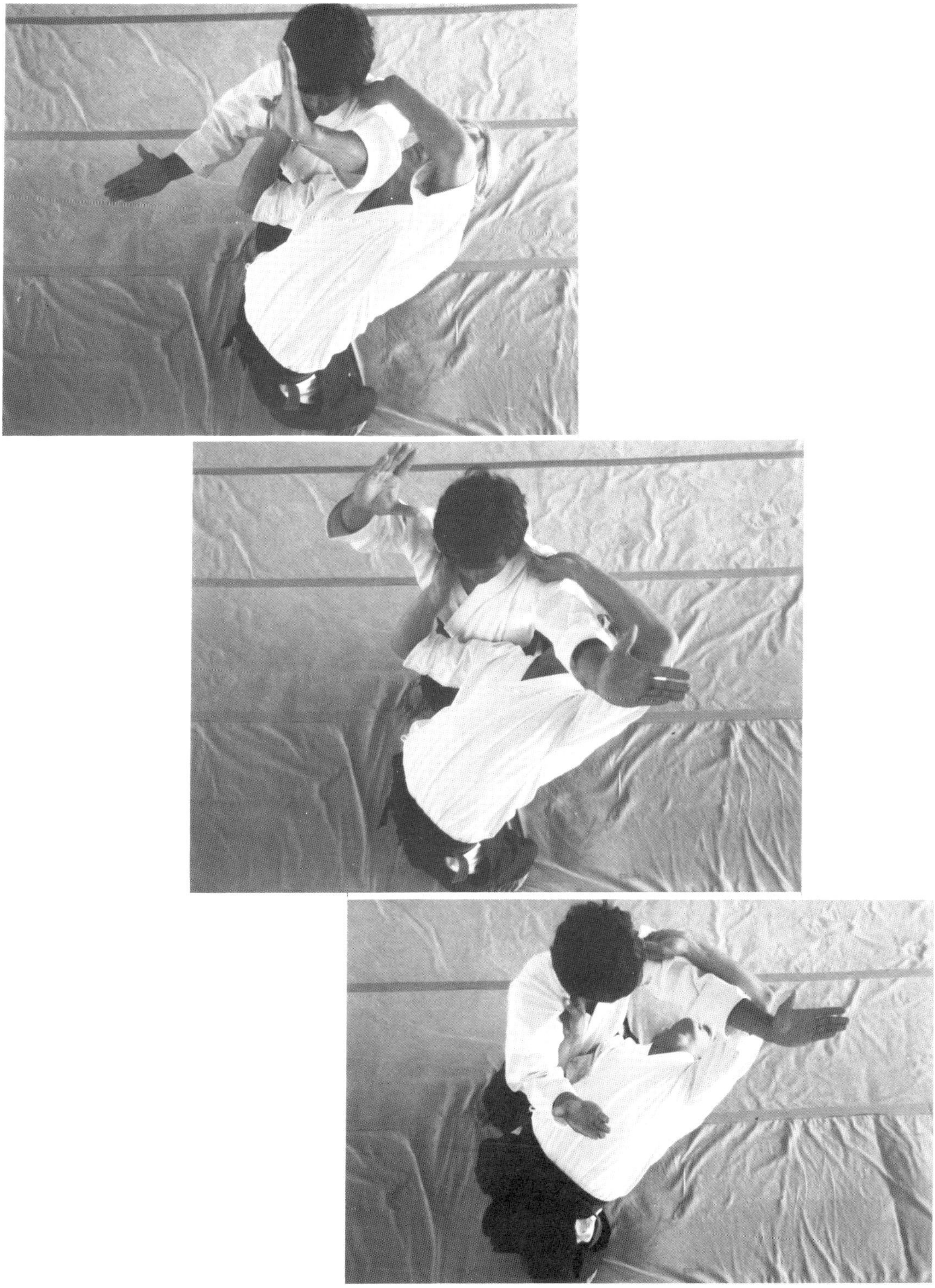

Expansion; la tension relachée à partir du hara dans une explosion d'énergie condensée.

Votre mouvement est celui de la nature, l'éclosion d'une fleur qui reçoit la chaleur du Soleil.

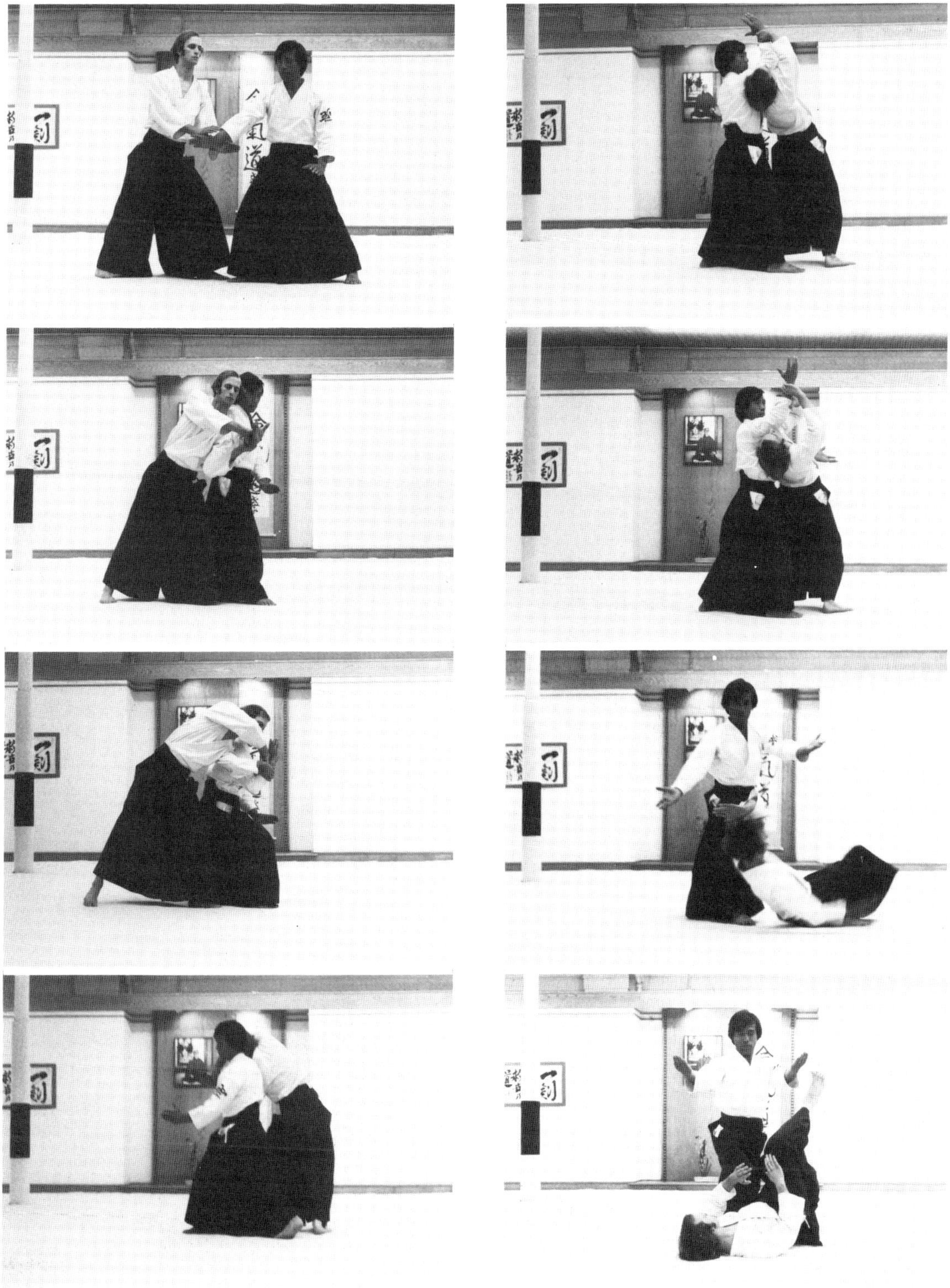

Kevin CHOATE : UKE TACHI WAZA KOKYU TANDEN HO.

IKKYO s'enroule sur lui-même et s'ouvre à des horizons nouveaux.

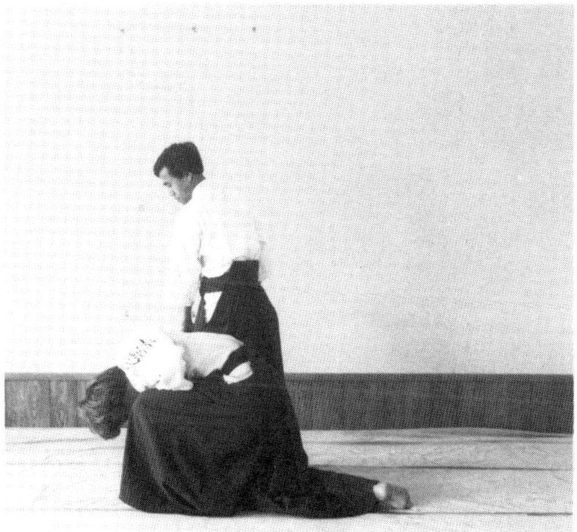

Bruce MERKLE : UKE

KATA DORI IKKYO OMOTE.

Les pratiquants plus avancés ont travaillé la technique en question tant de fois qu'ils ne savent plus voir. Leur esprit est encombré d'idées préconçues, des souvenirs de la veille. Ils regardent sans voir et ont oublié ce principe vital : seul compte le moment présent.

MANEN CHO HO

L'étude d'*Ikkyo* se révèle comme la lumière à travers un prisme. Elle contient toutes les couleurs. Chaque application d'*Ikkyo* n'est qu'une des réactions d'un processus infini. Votre regard doit se porter au-delà du reflet pour percevoir la lumière elle-même.

En étudiant *Ikkyo*, vous devez être conscient non seulement de votre centre et de celui de votre partenaire mais aussi du centre créé par cette relation. Il s'agit du *de-ai*, le point de rencontre. Avant tout contact physique il faut être en mesure de le contrôler. Dès que l'attaque s'amorce, votre mouvement commence. Si votre partenaire attaque franchement, il poursuivra son mouvement jusqu'au bout mais dans le cas où votre position changerait après le début de l'attaque, il doit être à même de suivre, sinon c'est la mort. Vous vous trouvez alors hors de sa portée et il vous offre une ouverture au moment où il est le plus vulnérable. C'est pourquoi *Uke* doit suivre, essayer de lire dans votre mouvement. C'est sa seule chance.

Aspirez votre partenaire dans le vide que vous avez créé avant le contact. Puis détournez et dispersez sa force avec votre centre. Contrôlez son centre en contrôlant le fil qui vous relie à lui. Si votre mouvement est trop rapide ou trop brusque, le fil se cassera. S'il est trop lent, il se distendra. Si vous détournez l'énergie du partenaire après son intention d'attaquer mais avant que son corps n'ait amorcé le mouvement, il sera facile de le déséquilibrer et il suivra naturellement l'axe dévié de son attaque et commencera à se tordre. Il suffit de poursuivre le mouvement de torsion, son attaque aura déjà perdu de son intensité. La tension du fil qui vous relie est un élément capital dans l'exécution technique.

Conduisez votre partenaire avec précision, le regard, le ki, l'esprit et les bras étirant sa force jusqu'à ce qu'elle se joigne à la vôtre. C'est vous qui déterminez l'instant de la rencontre. Enveloppez cette force, faites-la déferler comme une vague. N'essayez pas de la repousser sinon c'est elle qui vous encerclera. Il faut tout d'abord la dégager, la travailler, la faire tourner autour du centre du partenaire.

Au moment du contact, ne vous opposez pas à la force : faites plier le coude de l'adversaire et éloignez-le en décrivant un mouvement de spirale avec la main qui a paré l'attaque. Elargissez le mouvement et avec une poussée circulaire renvoyez son coude sur son centre : de cette façon, vous contrôlez son corps tout entier. C'est à ce stade que vous pouvez aborder le travail de l'équilibre : c'est le moment qui détermine si l'on doit passer en *ura* (entrée négative) ou en *omote* (entrée positive). Observez le mouvement coordonné du corps et de la position relative des hanches, des bras, des pieds et de la tête de votre partenaire. Les principes de l'équilibre apparaîtront clairement et les points de rupture se révèleront au fur et à mesure que vous apprendrez à travailler sur le centre de l'adversaire et à lui renvoyer son énergie.

Le contrôle est l'élément essentiel du mouvement. Il faut savoir non seulement contrôler le partenaire mais se contrôler soi-même. Ceci ne s'acquiert qu'avec le temps et la pratique. *Ikkyo* est le premier et le dernier principe d'Aïkido.

SHOMEN UCHI IRIMI NAGE

Irimi nage utilise les mêmes principes et la même attitude de base qu'Ikkyo mais la distance et le timing sont différents. Entre la forme de base *Kihon waza* et le mouvement subtil d'O Sensei surnommé "le trou noir",

Mitsugi Saotome

Embrassez et ramassez l'énergie.

Shigeru SUZUKI, Shian dai : UKE

Enroulez l'énergie comme une vague.

Champ magnétique d'intéraction entre deux forces contraires. Pour contrôler la situation vous devez la redominer avec votre force de gravité.

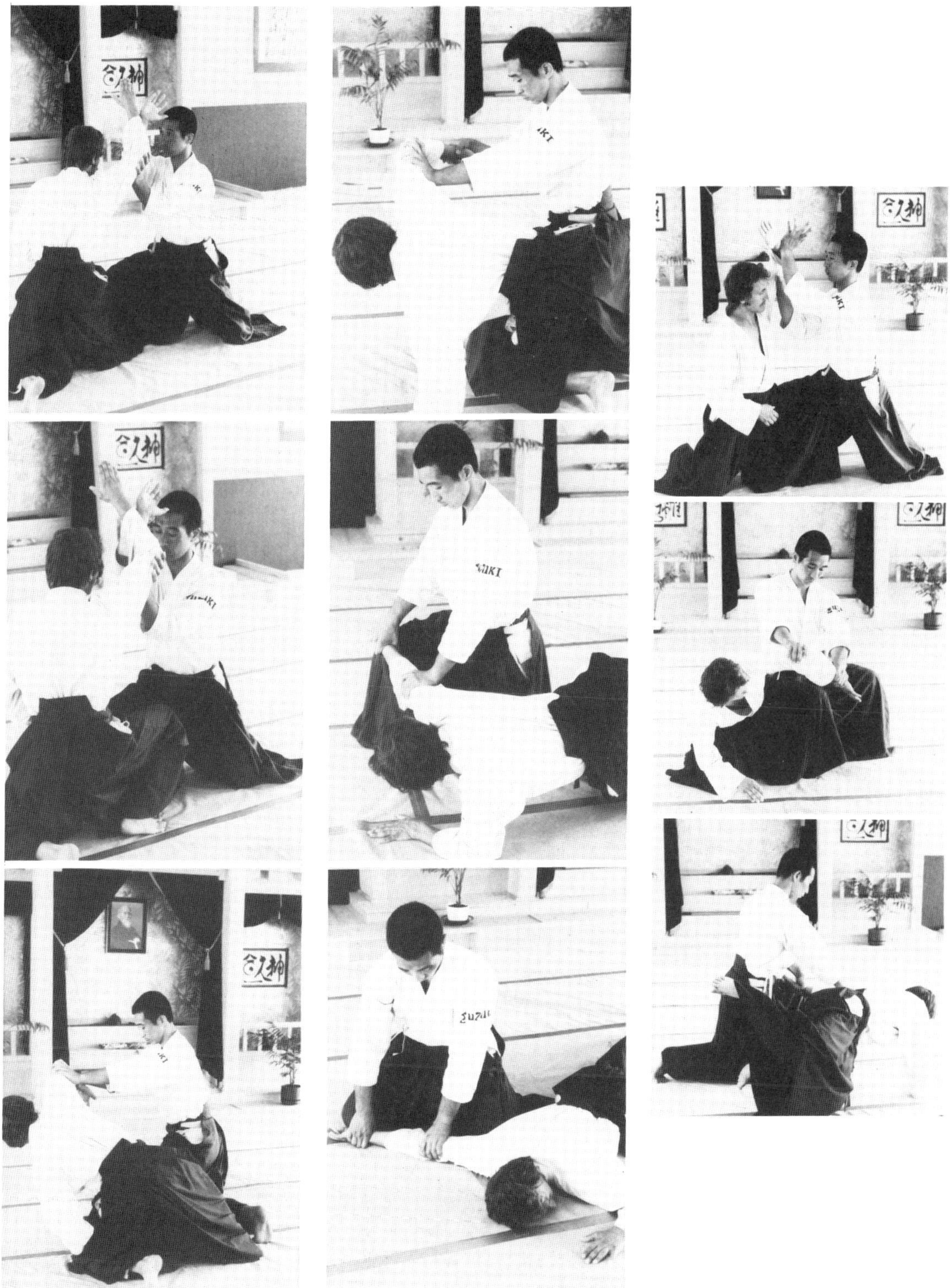

Shigeru SUZUKI, Shian dai, nage. Steve Mc PECK : UKE

Mitsugi Saotome

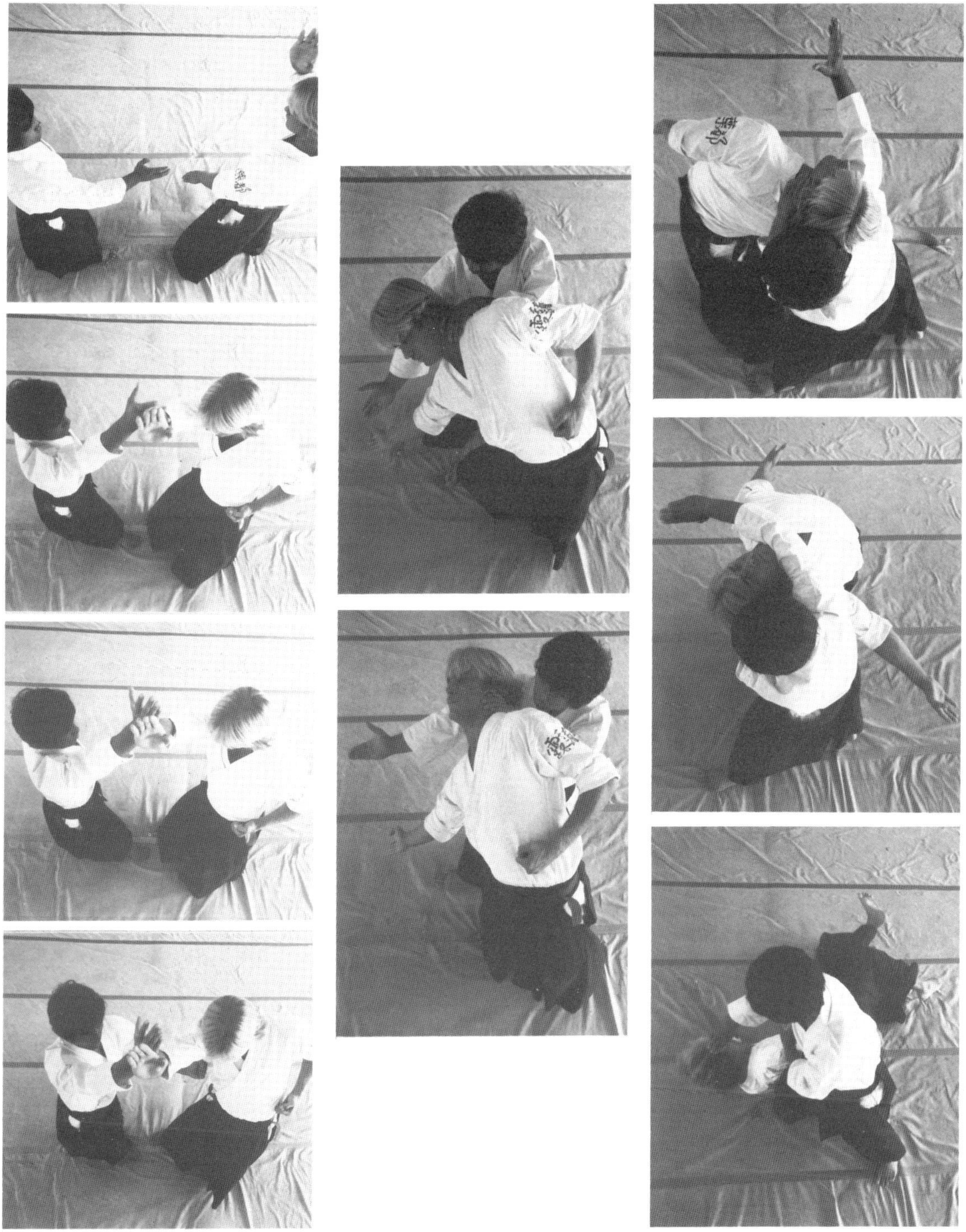

Robert MOLLER : UKE

SHOMEN UCHI IRIMI NAGE

cette technique possède d'innombrables variantes. En aucun cas l'entrée d'*Irimi nage* ne doit se faire avec précipitation : face à votre partenaire, reflétez son mouvement et attendez l'instant limite avant de réagir à son attaque.

Au moment de l'attaque, créez l'illusion optique du *ma-ai* en entrant sur l'axe de l'attaque. La distance est modifiée mais la suite de votre déplacement reste imprévisible. Offrez-vous à l'attaque : si vous essayez de fuir, vous serez touché. Allez au devant de l'attaque le bras tendu et agissez sur le centre de votre partenaire. Cette extension au cœur de l'attaque le fera hésiter. Quand le contact est imminent, vous devez vous déplacer sur l'extérieur et avec le bras tendu, aller sur son centre. Ne saisissez pas son bras mais déployez-le, la main ouverte, le coude relâché et souple. Sans idée de fuite, joignez-vous à son énergie en changeant de direction : c'est le *marubashi*. Pivotez, créez un vide dans lequel l'adversaire sera happé et saisissant sa nuque, laissez tomber vos hanches en le faisant tourner : c'est la phase de contraction du mouvement.

Irimi nage est la conjugaison des forces centripètes et centrifuges agissant ensemble. La main de votre partenaire est contrôlée par une pression qui lors du pivot l'étend dans un mouvement d'expansion partant du centre. Sa tête est amenée à l'intérieur dans un mouvement de contraction. Son énergie et son corps se trouvent dissociés : vous êtes le centre contrôlant son mouvement, vous êtes le noyau de l'atome autour duquel il gravite. Votre centre doit se stabiliser et ne faire qu'un avec la force gravitationnelle. La main partant du centre décrit un mouvement de spirale vers le haut, le corps monte : c'est l'expansion. Expirez au moment où l'énergie passe dans les deux bras, enfermant la force du partenaire et la retournant vers son centre pour le déséquilibrer.

Le mouvement d'*Irimi nage* est celui du *kokyu*, de l'expansion et de la contraction. C'est le mouvement tri-dimensionnel des forces combinées du feu et de l'eau. Il se manifeste dans la circulation : celle de l'Univers, du sang, de l'énergie vitale. Votre mouvement doit représenter l'harmonie des forces et on doit y lire la carte de l'Univers. Attitude spirituelle, sensations et mouvement ne sont jamais séparés mais toujours liés. Oubliez la notion de conflit avec le partenaire : concentrez-vous uniquement sur votre force physique et spirituelle. Ayez confiance en vous.

KATATE DORI TENKAN HO (saisie du poignet et pivot).

Ce mouvement constitue la première introduction à l'Aïkido. Il s'agit d'un déplacement très simple, mais qui n'en est pas moins fondamental. Tenkan représente la parfaite harmonie : en pivotant vous vous retrouvez dans la même direction que le partenaire. C'est l'autre côté d'*Irimi;* même en pivotant vous devez pénétrer le centre du partenaire.

C'est l'hiver. De votre fenêtre vous regardez au dehors et la vue de la neige et de la glace vous fait grelotter. Sortez et faites quelques pas : votre haleine se glace, vos doigts s'engourdissent. Vous avez beaucoup plus froid maintenant : voilà *Irimi*. Après un moment, revenez à l'intérieur et votre perception se transforme. La température de la pièce semble beaucoup plus élevée : c'est *Tenkan*. Quand l'épée est suspendue au-dessus de votre tête, vous vous trouvez aux frontières du paradis et de l'enfer. *Irimi*, c'est entrer en enfer, mais en poursuivant le mouvement et en pivotant (*tenkan*) vous êtes au paradis. *Irimi*, *Tenkan* ne font qu'un.

IRIMI TENKAN

Dans la forme de base de Katate dori tenkan ho, *Uke* vient saisir à une main le poignet de son partenaire tout en se préparant à frapper avec l'autre. L'attaque doit être contrôlée et franche, le dos droit et les genoux fléchis. *Uke* ne doit pas se précipiter et anticiper le mouvement de pivot, ni rester à l'écart, immobile, tendu et en déséquilibre.

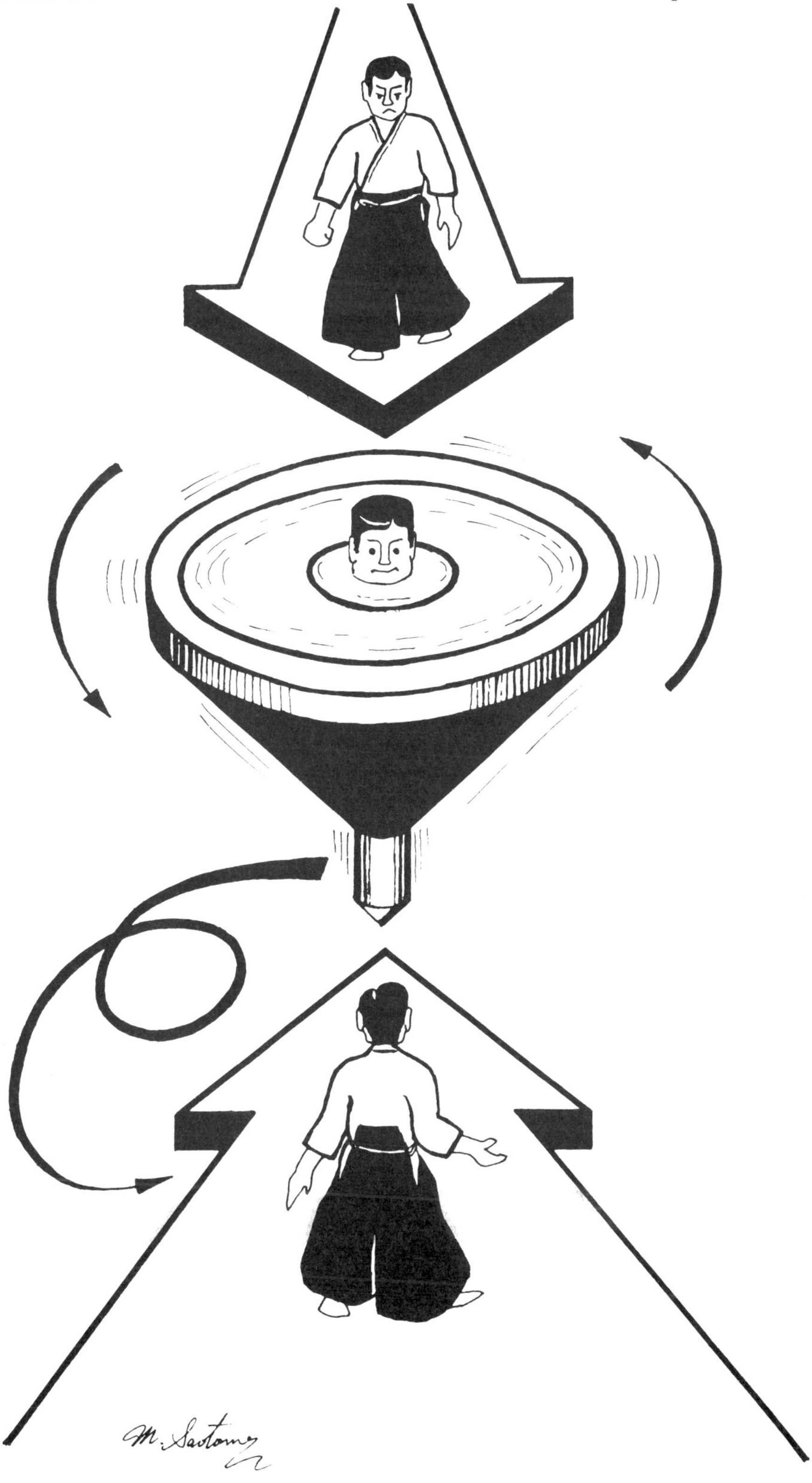

L'essence du TENKAN

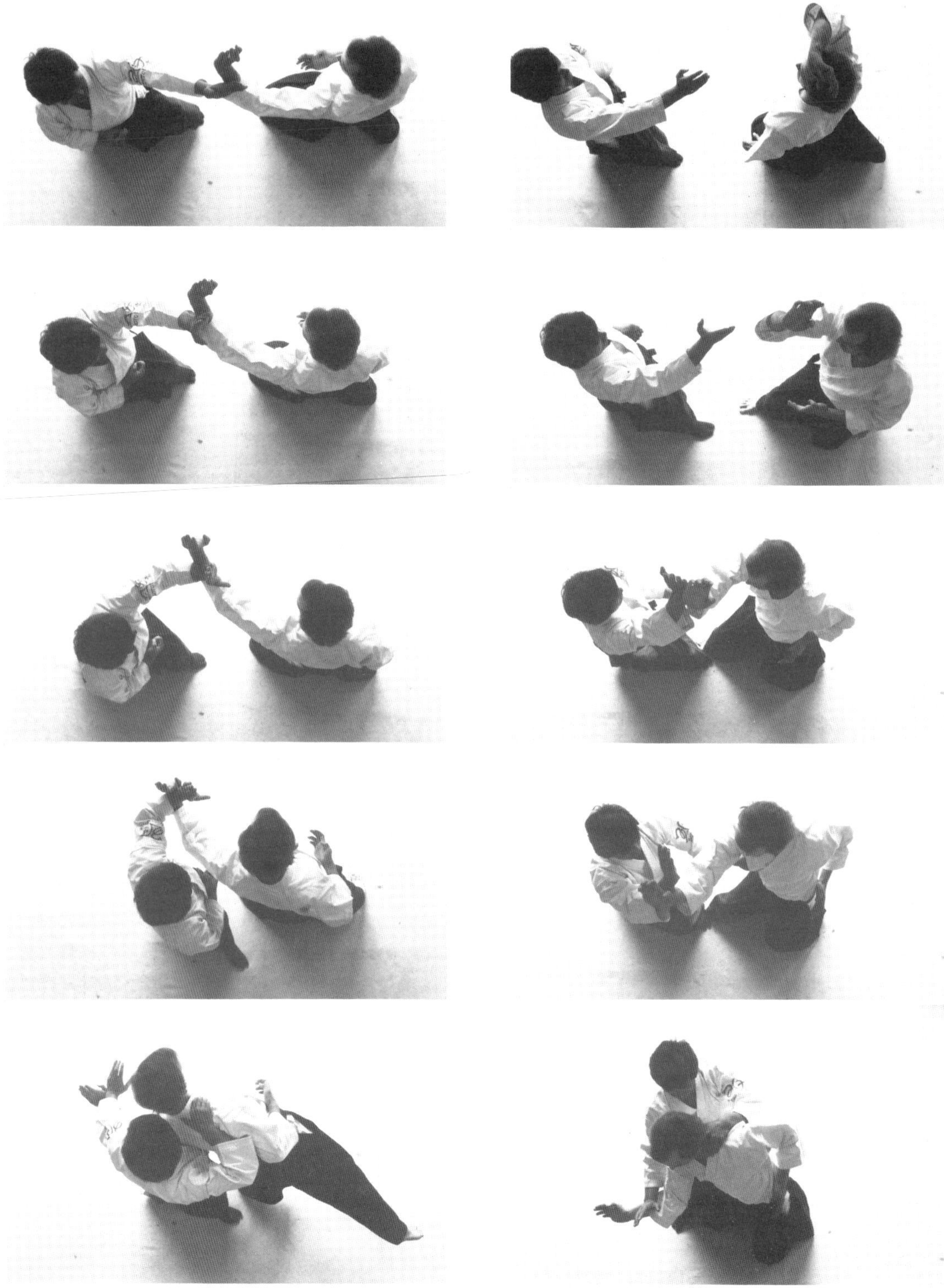

Deux exemples d'IRIMI à partir de SHOMEN UCHI.
Notez bien le mouvement de spirale pour dévier l'attaque.

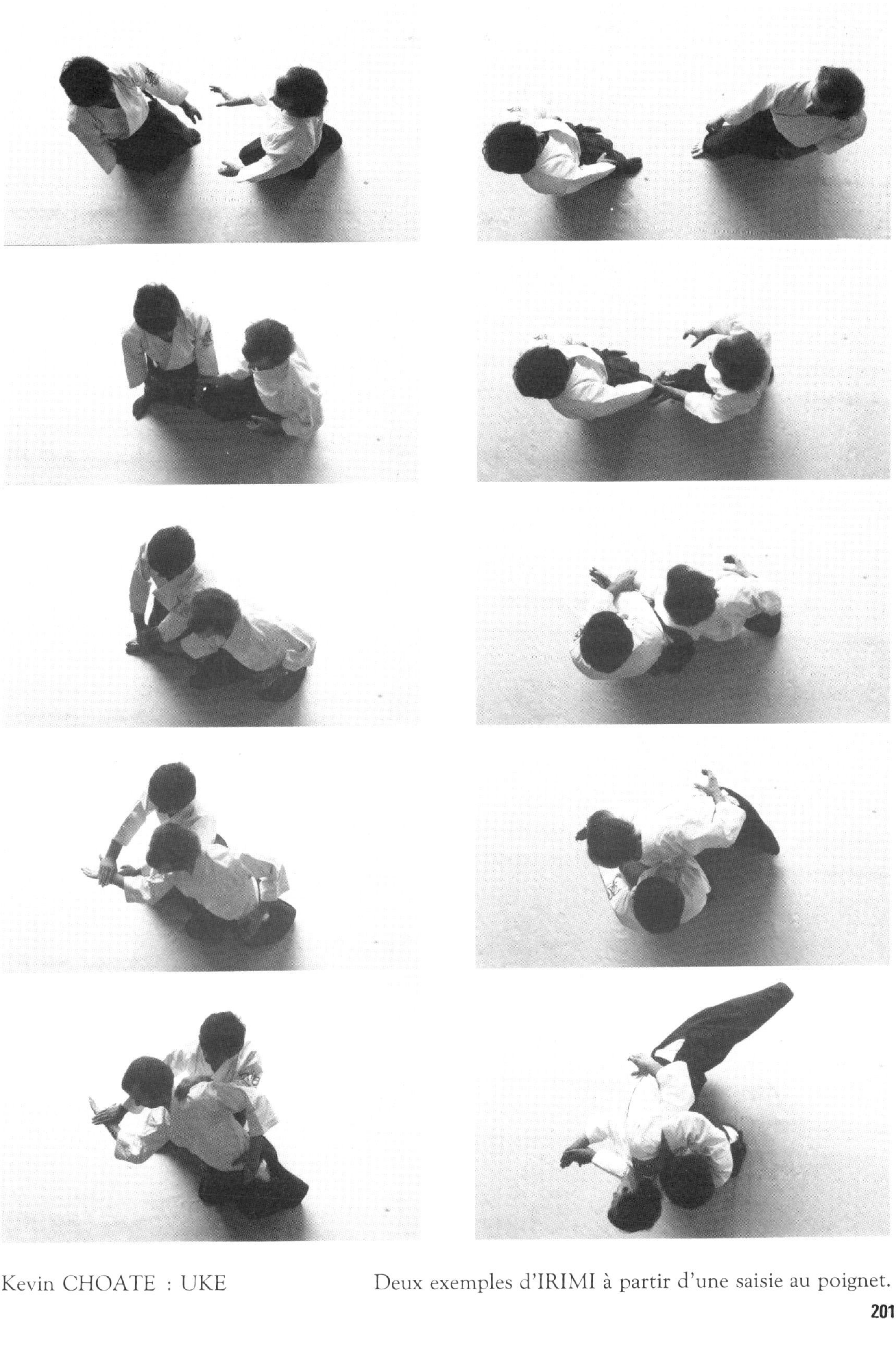

Kevin CHOATE : UKE

Deux exemples d'IRIMI à partir d'une saisie au poignet.

Ces deux attitudes sont aussi mauvaises l'une que l'autre : *Uke* doit se déplacer légèrement sur le côté pour éviter d'être touché par la main libre du partenaire. La saisie doit être ferme et vivante. S'il attaque trop de face par rapport au partenaire, celui-ci peut lui porter un coup au visage. Il a donc intérêt à corriger sa position, en se déplaçant sur le côté, hors de la ligne d'attaque. Quand *Nage* exécute le Tenkan, *Uke* doit rester souple et réagir au mouvement. Sa seule chance de protection est de suivre le Zanshin. Une position raide et statique n'offre aucune sécurité.

On peut exécuter le *Tenkan* dès la saisie ou bien une fraction de seconde avant le contact. Mais dans ce cas, une vigilance absolue est nécessaire car il faut percevoir le moment exact de l'attaque. N'enlevez surtout pas votre main brusquement, présentez-la comme un appât que vous maintenez hors de portée du partenaire. Si votre mouvement part trop tôt, *Uke* ne pourra pas suivre et vous risquez de recevoir un atemi dans les côtes. La notion de timing est capitale et toute erreur est fatale. Le *Tenkan* peut aussi donner lieu à un entraînement plus musculaire. Dans cette forme, il n'est pas indispensable que *Uke* se prépare à attaquer avec l'autre main, car le mouvement est beaucoup plus lent. Mais la possibilité d'une attaque doit toujours être envisagée. Dans ce cas, repoussez avec votre centre la main du partenaire pour l'obliger à aller plus loin dans sa saisie. Ne vous débattez pas, vous seriez prisonnier de son attaque. Avec la sensation de pénétrer son centre, ne donnez que la pression suffisante qui le contraindra à fournir une énergie plus grande, ce qui vous aidera à pivoter.

On peut varier ce mouvement à l'infini et y ajouter mille raffinements. En statique ou en dynamique, il faut toujours pouvoir anticiper l'action suivante. Une saisie ne constitue pas à elle seule une attaque complète. Rappelez-vous que c'est seulement votre bras qui est tenu, oubliez-le, et ne vous acharnez-pas sur votre partenaire. Le reste de votre corps est libre et doit se déplacer.

Le mouvement de pivot doit partir des hanches, le corps ancré dans le sol tout en maintenant le genou souple et fléchi. Tenkan est l'étude de l'équilibre et de la réaction en dynamique. Il faut du temps pour assimiler les principes de direction et de contrôle de la force. On peut travailler le *Tenkan* en faisant tourner le partenaire plusieurs fois autour de soi. Comme tous les mouvements d'Aïkido, celui-ci ne s'exécute jamais que dans une ou deux dimensions : il obéit à un mouvement circulaire, ascendant puis descendant, imitant les rythmes multiples de l'eau et du feu.

Quand vous pivotez, la pression de votre bras ne doit pas vous faire reculer. Vous devez porter le poids de votre corps sur l'avant. Ne laissez pas traîner votre bras derrière vous : maintenez-le souple devant votre centre. Ne vous retournez pas pour regarder le partenaire, votre énergie se disperserait. Regardez plutôt où vous allez et laissez votre regard balayer l'espace et enregistrer tout ce qui vous entoure. Le pivot ne doit s'effectuer ni trop rapidement - votre partenaire aurait du mal à vous suivre - ni trop lentement : il retrouverait son équilibre et aurait sur vous un temps d'avance.

Si la saisie est très ferme, vous aurez beaucoup de mal à bouger. Mais en persévérant, vos instincts de défense commenceront à se former et vous vous rendrez vite compte que l'agressivité n'est pas efficace. S'entraîner, c'est construire, affiner, polir les angles négatifs afin que la voie de l'harmonie devienne une réaction naturelle et instinctive. En travaillant avec des partenaires différents à tous points de vue, vos expériences seront enregistrées par votre corps et votre esprit, et vous constituerez ainsi un stock d'où vous pourrez puiser la réaction appropriée. Cette expérience transformera votre conscience.

MUNE TSUKI KOTEGAESHI

En tombant, les feuilles d'automne décrivent des spirales et avant d'arriver au sol, elles sont retournées par la bourrasque. C'est cette image qui a inspiré le nom de la technique classique du *jujutsu*, *"Kono ha gaeshi"*. Cette ancienne technique avait pour but de casser le bras et de l'arracher de l'articulation de l'épaule. En Aïkido, il s'agit d'une technique de torsion du poignet mais c'est le rythme qu'on imprime au mouvement et non la douleur qui entraîne la chute dans *Kote gaeshi*.

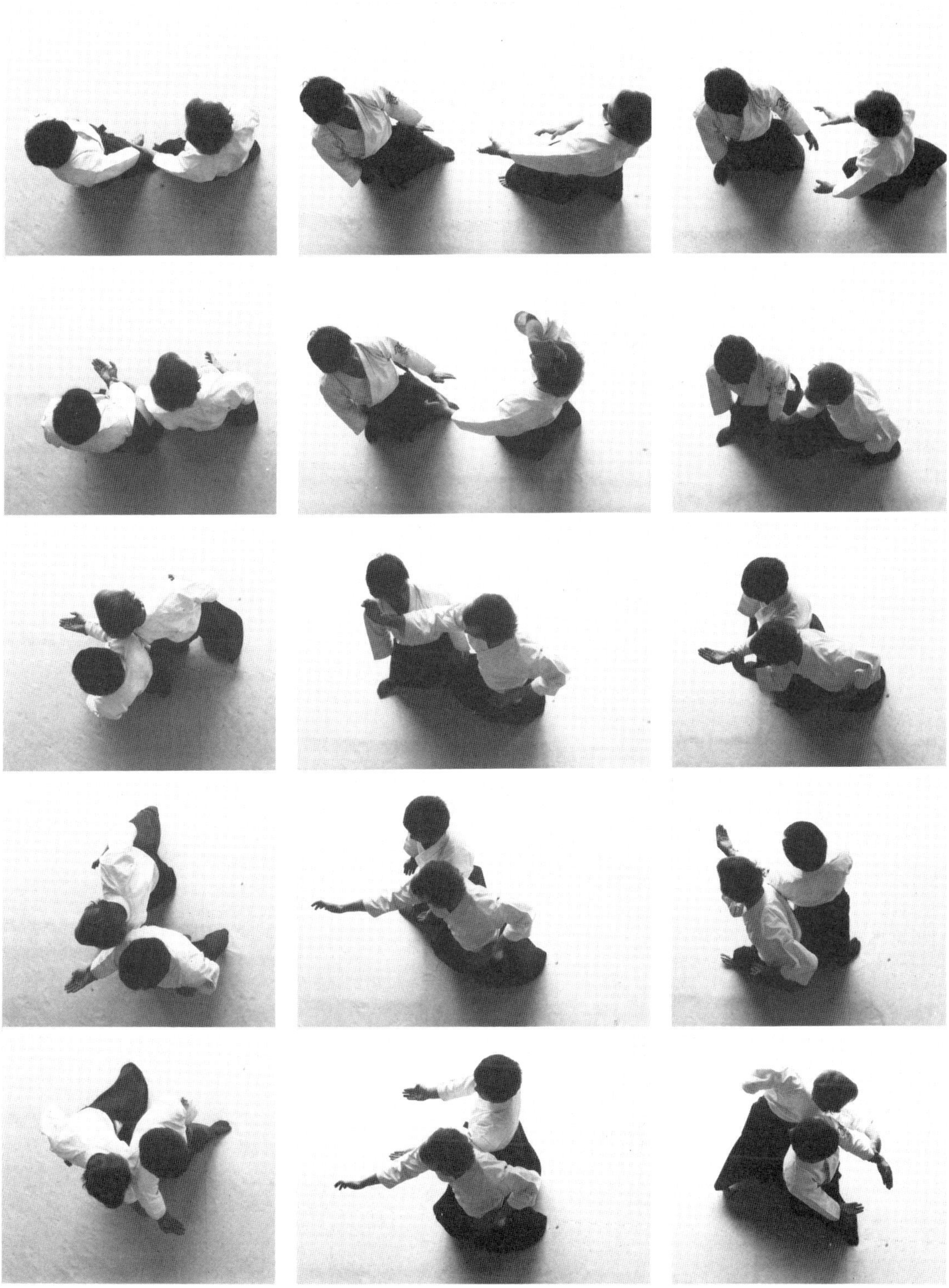

Exemples de TENKAN. Notez que le mouvement commence avec IRIMI.
Kevin CHOATE : UKE

Cette technique commence avec une attaque directe au plexus. On l'évite en effectuant un *Irimi tenkan*. En passant à côté du partenaire, n'essayez pas de saisir son poing fermé, vous n'y parviendriez pas. Comme pour parer *Shomen uchi*, enroulez votre main le long du bras du partenaire, joignant son énergie à la vôtre, et descendez sur les hanches afin de le déséquilibrer. Votre main viendra naturellement se placer au niveau de son poignet. Les principes du Tenkan ho sont les mêmes, mais dans le cas présent, c'est vous qui saisissez. N'essayez pas de dominer le partenaire en bloquant son poignet : il ne risque pas de s'échapper, et si vous emprisonnez son bras sous le vôtre, le mouvement s'arrêtera. Vous devez rester calme, détendu, le corps droit, la poitrine ouverte, les genoux fléchis. Faites tourner votre partenaire autour de vous en décrivant une spirale descendante. Ralentissez le mouvement pour qu'il soit déporté et laissez-le retrouver son équilibre. C'est alors qu'en un seul mouvement, pivotant les hanches et retournant son poignet, vous lui renvoyez son énergie avant qu'il n'ait pu rétablir son équilibre. Vous ne saisirez le moment propice que si vous êtes ouvert à sa réaction.

Dans ce mouvement, le macrocosme (planètes gravitant autour des étoiles) et le microcosme (à l'échelle humaine, [partenaire tournant autour de vous,] torsion du poignet) sont réunis dans un même mouvement. N'oubliez pas en pivotant de vous concentrer sur votre mouvement comme sur une partie de l'énergie cosmique. N'obligez pas votre partenaire à tourner et obéissez aux lois de l'univers, sentez ce flot d'énergie qui vous traverse. Avec seulement l'agressivité et le désir de projeter, les épaules seront levées, raides, le dos voûté et la cage thoracique rentrée. Adoptez une attitude fière - évitez de reproduire les postures simiesques des premiers hommes. Si votre dos est droit, votre poitrine ouverte, votre cœur et votre esprit finiront par l'être aussi. Soyez à l'écoute du corps de votre partenaire et vous lirez dans son esprit.

POINTS COMMUNS ENTRE LES TECHNIQUES A MAINS NUES ET LES TECHNIQUES UTILISANT DES ARMES.

Dans une vieille technique de *jujutsu* très proche du *Shiho nage* de l'Aïkido, le premier mouvement est un *atemi* visant à casser les côtes. Le jujutsuka pivotait ensuite sous le bras de l'adversaire, le tendait contre son épaule et la torsion ainsi obtenue disloquait l'épaule et cassait coude et poignet. La projection elle-même entraînait souvent une fracture du crâne. Très difficile à contrôler et à pratiquer, cette technique violente était conçue pour tuer.

Quand O Sensei élabora ses formes d'entraînement, il vit dans cette technique la possibilité d'utiliser une force encore plus grande dans un mouvement plus harmonieux et conçut une méthode pour le travailler sans risque et sans que le rythme en soit ralenti pour autant. Sans forcer sur les articulations mais en leur faisant subir le mouvement naturel du corps on évitait ainsi la mort ou la mutilation et l'attaque était tout aussi bien contrôlée. Cette technique est l'illustration des principes de l'équilibre et des lois naturelles; elle renferme aussi toute l'élégance et la précision des mouvements du sabre.

On pense souvent que l'Aïkido provient de l'affinement d'anciennes techniques de *jujutsu*, mais il doit plutôt son esprit et son rythme aux mouvements du sabre, de la lance et du bâton. Il n'existe pas de démarcation très nette entre le *tai-jutsu* (technique à mains nues) et la pratique avec les armes, leur philosophie et leurs manifestations étant très proches. L'Aïkido constitue un amalgame de leurs principes, une synthèse de leurs vérités. Le sabre doit être considéré comme un prolongement du corps et de l'esprit mais vous ne devez pas en être l'esclave : si vous n'êtes pas armé, vous avez intérêt à agir comme si vous teniez un sabre, faisant passer corps et esprit à travers sa lame imaginaire.

A l'époque féodale, un guerrier devait s'entraîner à de nombreuses formes de combat. S'il ne connaissait pas l'art de la lance, il était impuissant devant un ennemi qui en était armé. De même, s'il n'avait jamais manié une épée, il ne pouvait comprendre les déplacements subtils d'un maître d'armes. Il ignorait ainsi les points forts et faibles de l'ennemi. S'il ne connaissait pas les techniques du *jujutsu*, il était pris au dépourvu et incapable de risposter. C'est pourquoi les nombreux styles de combat ne faisaient jamais l'objet d'études séparées, et la recherche de la connaissance et de l'expérience n'avait pas de limites. C'était une question de vie ou de mort.

Aujourd'hui, il se produit dans le domaine des arts martiaux le même phénomène que dans le monde des sciences, de la médecine, et de pratiquement tous les champs d'activités de la vie moderne. Celui qui s'entraîne au sabre ne peut se défendre qu'avec un sabre. Le jujutsuka ne connait que les techniques du jujutsu. Certes, on apprend beaucoup en se spécialisant mais une spécialisation trop grande rétrécit le champ de la compréhension. On ne doit pas isoler une partie du tout : notre univers est un monde relationnel, notre vie est la somme de ses relations. Si l'on est étroitement lié à un art, l'esprit en devient l'esclave. Une compréhension complète exige une vision qui embrasse toutes les autres. Chaque fois que le guerrier s'entraînait avec une nouvelle arme ou à une nouvelle forme de combat, il élargissait sa compréhension et approfondissait les principes communs à tous les styles. Ainsi, il était libre et ne dépendait pas d'une arme particulière mais de sa perception, de sa conscience et de sa maîtrise.

La conscience spirituelle et mentale est la base de l'Aïkido. S'entraîner seulement à mains nues peut faire ressortir les tendances agressives. Un pratiquant doté d'une certaine force physique prendra facilement l'habitude d'attendre l'instant du *de-ai* et au moment du contact de lutter en ne faisant intervenir que sa puissance musculaire. Cette attitude le limitera à une forme de combat primaire rappelant celui de deux ours se disputant la suprématie territoriale. Avec la pratique des armes, il n'y a pas de contact avec le corps du partenaire. Sa taille n'a pas d'importance, et il est difficile d'évaluer sa force musculaire. Toute raideur agressive, tout esprit de compétition mènent inéluctablement à l'échec. Ne pouvant appréhender physiquement la réaction de votre partenaire, vous devez apprendre à toucher son esprit.

Tout principe d'Aïkido se trouve amplifié par l'extension et la distance qu'entraîne l'emploi des armes. Cette pratique fait ressortir les points faibles et met l'accent sur le timing et le calcul de la distance que l'on a tendance à négliger dans les techniques à mains nues. Quand vous saisissez un *jo*, un *bokken* ou une lance à deux mains, vos bras se rejoignent naturellement et bougent à partir de votre centre. Une baisse de puissance se fera sentir si les coudes se lèvent à angle droit, une tension apparaîtra dès que les épaules seront levées ou crispées. La distance plus grande entre vous et votre partenaire oblige le corps tout entier à se déplacer. Il est évident que la simple extension des bras et de l'arme qui les prolonge est insuffisante et limite considérablement le mouvement.

Les moindres détails techniques à mains nues se trouvent donc amplifiés lorsqu'une arme est utilisée. En Aïkido, un mouvement subtil de la main peut totalement changer une situation. Dans l'exécution d'une technique avec une arme, le mouvement devient plus clair si l'on observe l'inclinaison de la lame du *ken* ou le mouvement en spirale du *jo*.

Une attaque *shomen* est beaucoup plus puissante et rapide lorsqu'elle arrive au bout d'une arme mesurant 1 m ou 1,20 m que la même attaque à mains nues. L'entraînement avec les armes nécessite donc une précision accrue et une concentration plus intense. Le contrôle de la distance, de la vitesse et de la position est essentiel. Les coups reçus lors d'attaques à mains nues portent rarement à conséquence, mais l'impact d'un *jo* ou d'un *ken* peut blesser plus gravement. Quand vous tenez une arme, vous êtes au seuil du *marubashi*, et votre conscience doit contenir l'intensité de ce moment entre la vie et la mort à tout instant. Vous devez vous protéger vous-même mais aussi protéger votre partenaire sans que votre concentration ne faiblisse. Les risques d'accident étant plus grands, une étiquette et des règles très strictes doivent être observées.

Avant d'aborder la pratique des armes avec un partenaire, vous devrez passer de nombreuses heures seul à travailler les attaques et apprendre à vous déplacer correctement. Il faut vous familiariser avec le poids et la densité de l'arme, savoir contrôler les attaques et les arrêter à quelques millimètres de la cible. Cette pratique ne doit pas être prise à la légère.

Au départ, le travail à deux obéit à une forme simple et codifiée : le *Kata*. Le mouvement s'exécute lentement afin que l'élève puisse corriger la distance, le temps de réaction et l'attitude. Avec la pratique, l'exécution gagne en rapidité, mais le rapport entre la vitesse du kata et vos possibilités de contrôle est crucial. Si votre partenaire est en

Le macro-cosme des planètes gravitant autour des étoiles et le micro-cosme de la structure atomique ont le même mouvement. Ces principes fonctionnent ensemble et produisent la technique de KOTOGAESHI.

Bruce MERKLE : UKE

MUNETSUKI KOTOGAESHI

Une force plus grande naît d'un mouvement harmonieux.
C'est la sécurité, sans que le rythme soit freiné pour autant.

Hiroshi IKEDA; Shihan dai : UKE

KATATE DORI SHIHO NAGE (dans les quatre directions)

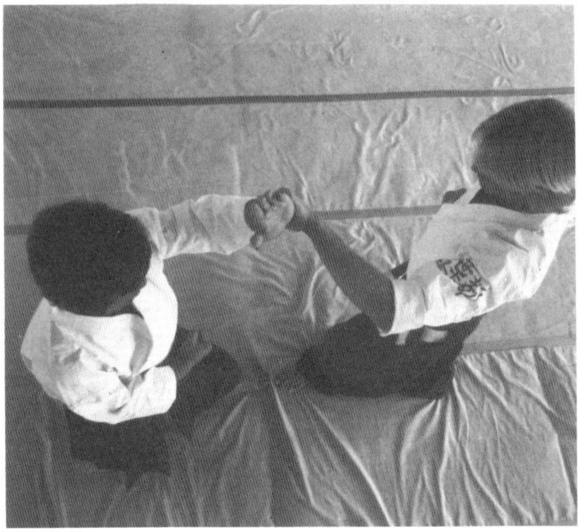

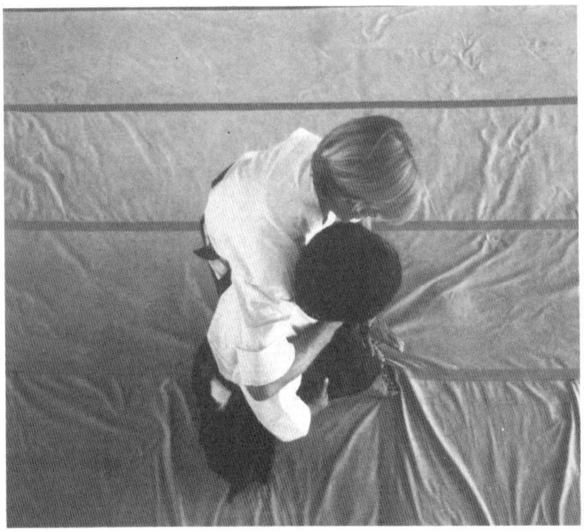

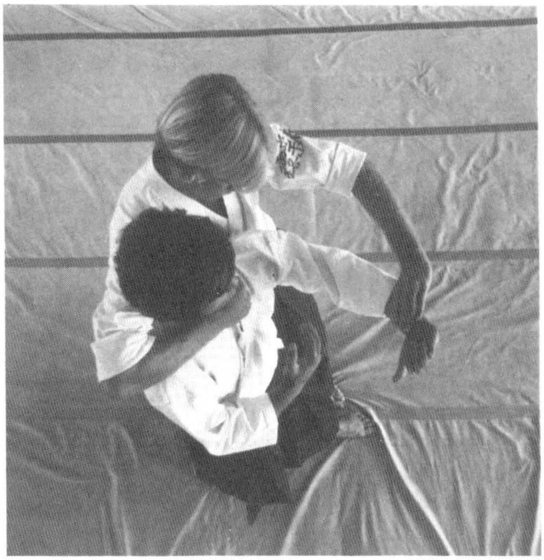

USHIRO WAZA SHIHO NAGE

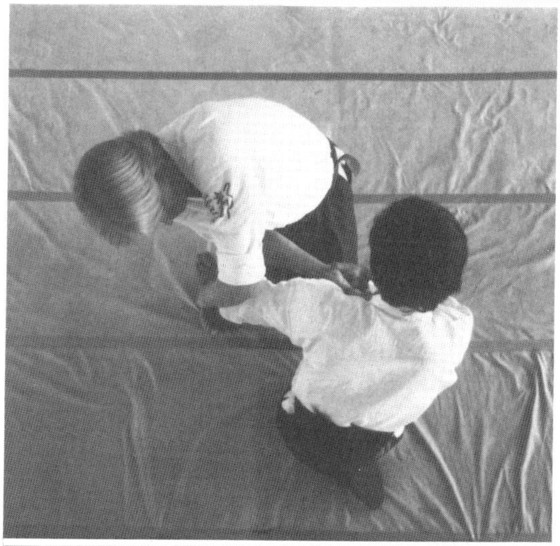

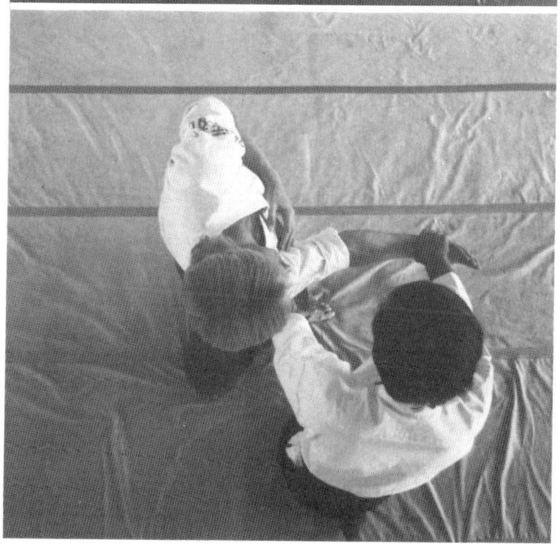
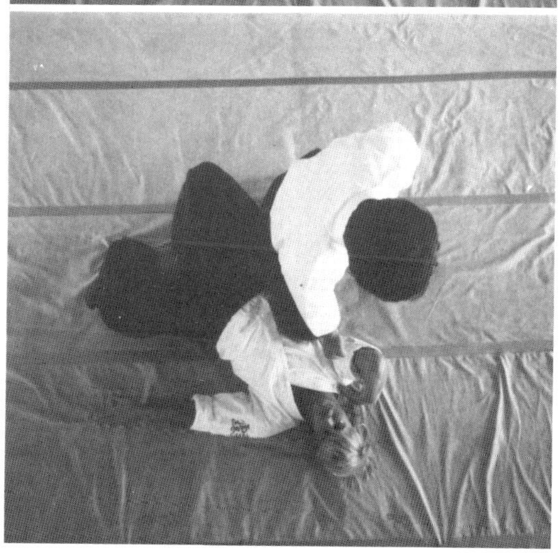

Robert MOLLER : UKE

Les mouvements élégants du sabre SHIHOGIRI (coupe dans les 4 directions) commence avec une coupe circulaire de 360 degrés.

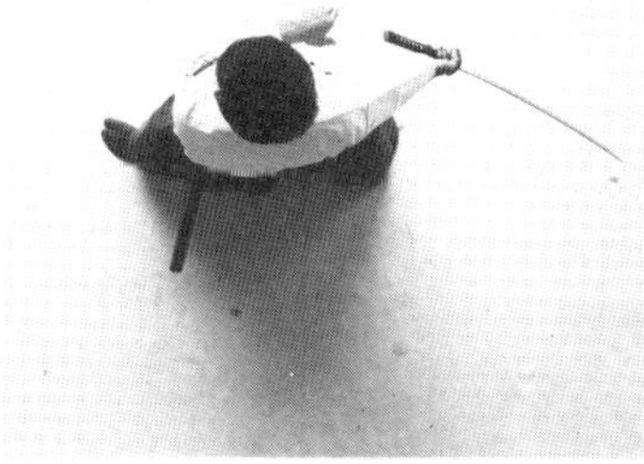

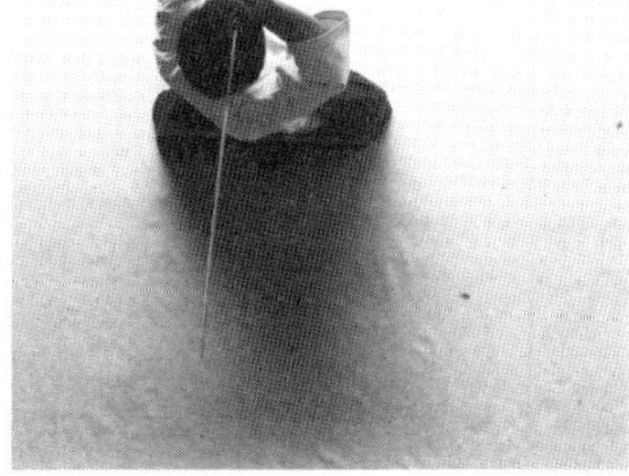

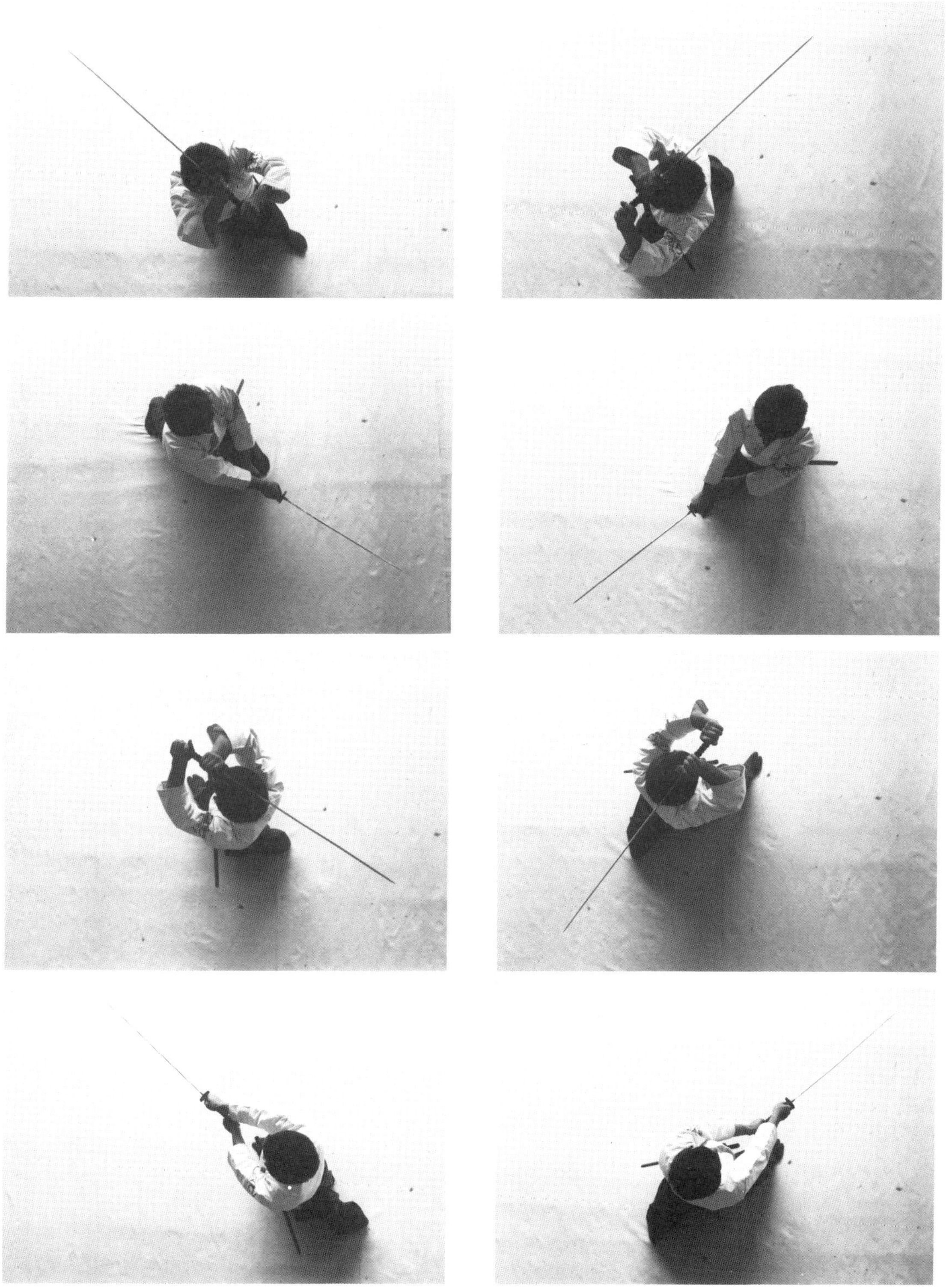

Ce mouvement se conclut en coupant dans les quatre directions.

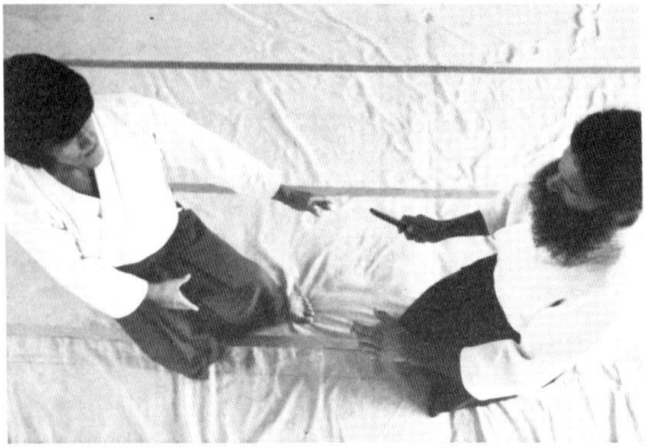
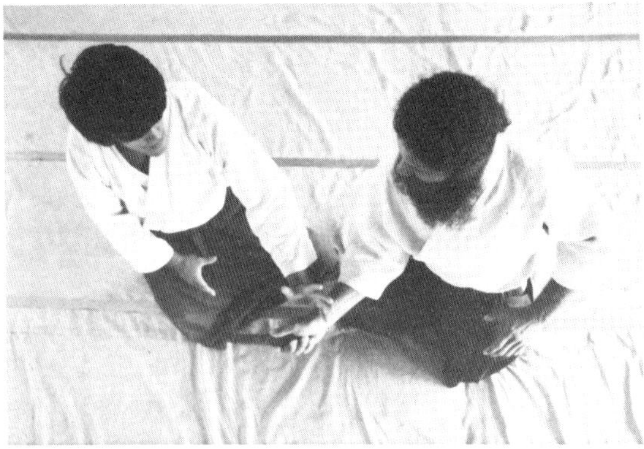
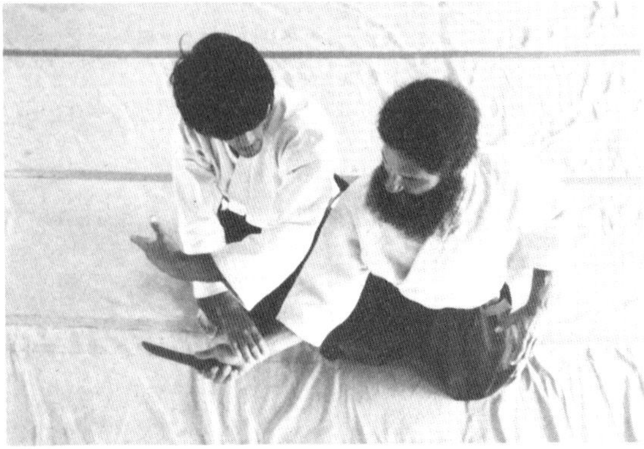
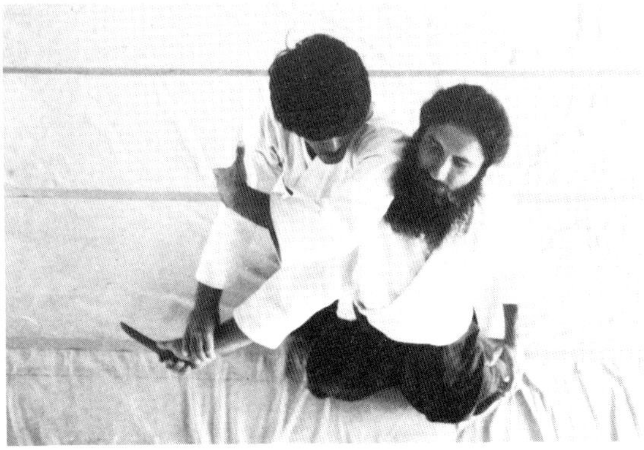
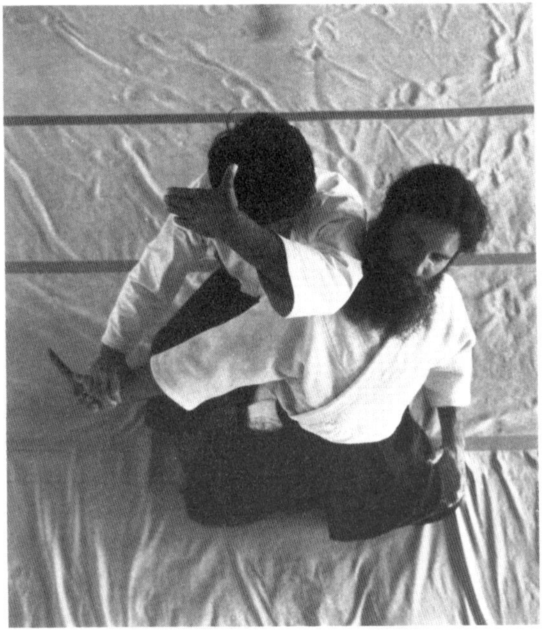

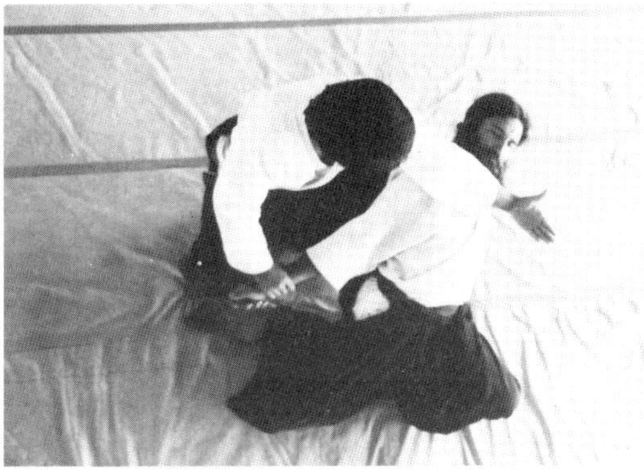

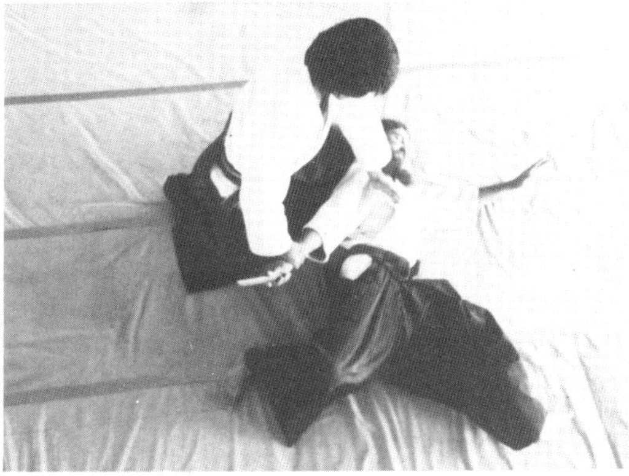

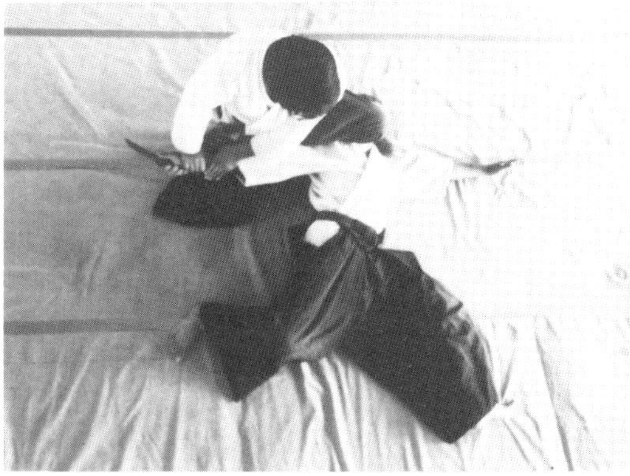

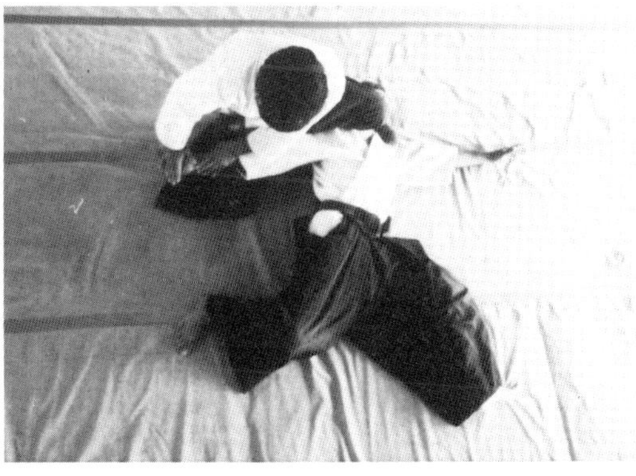

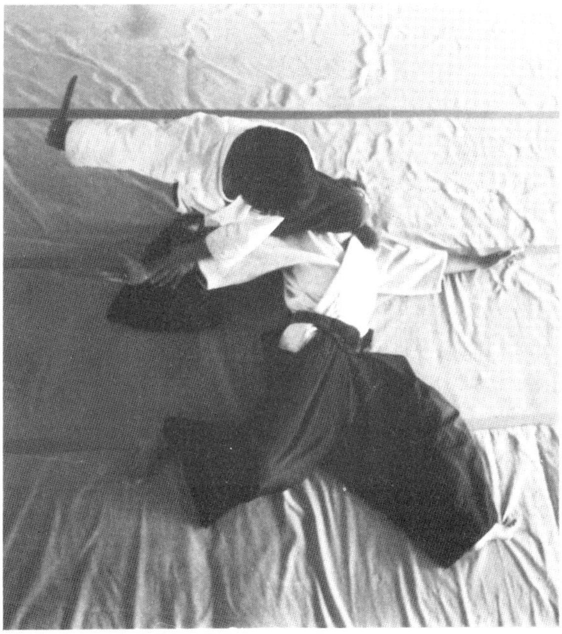

Si vous ne vous êtes jamais entraîné avec des armes, vous ne pouvez pas connaître les points forts et faibles de l'ennemi.

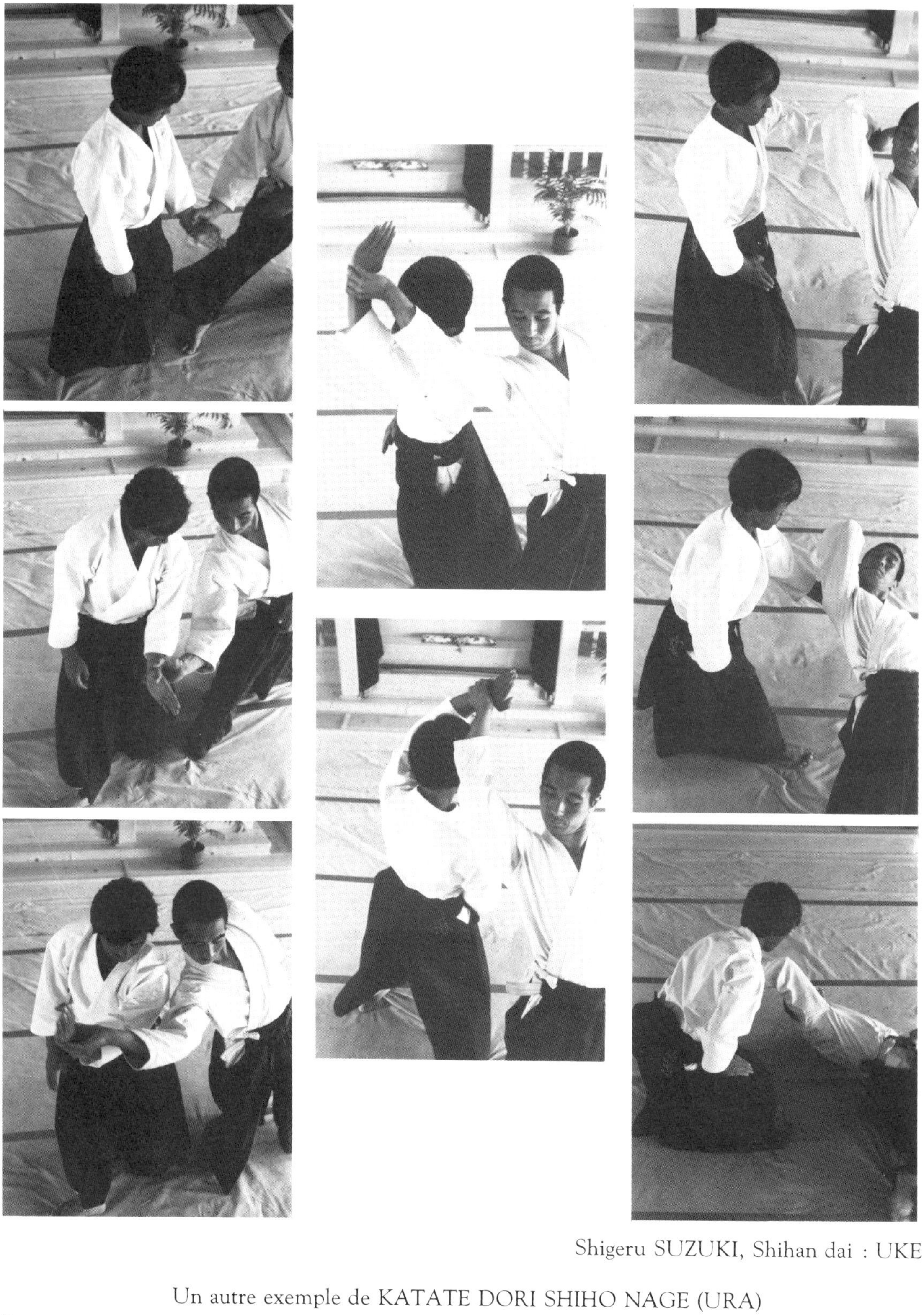

Shigeru SUZUKI, Shihan dai : UKE

Un autre exemple de KATATE DORI SHIHO NAGE (URA)

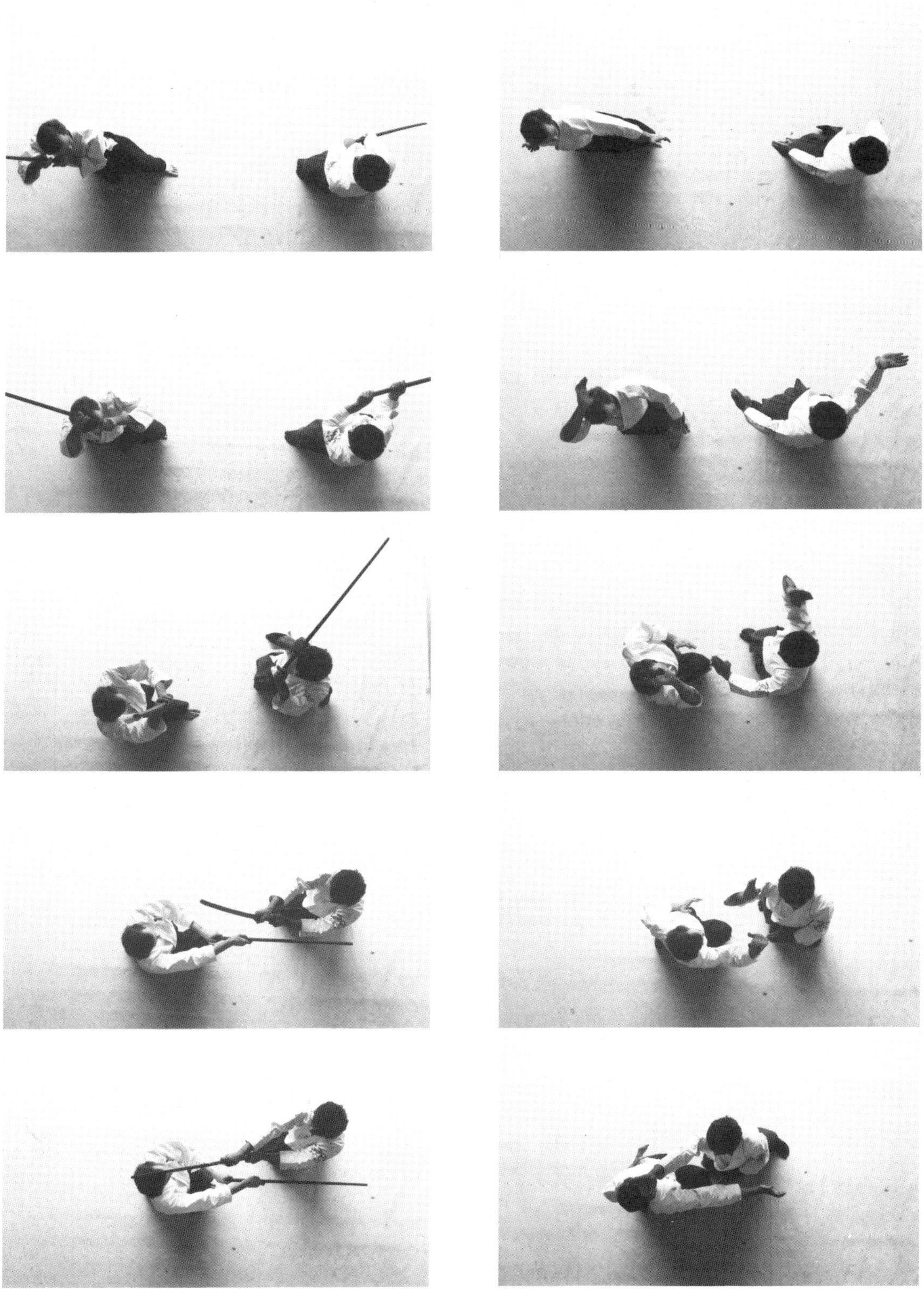

Bien que la distance et le "Timing" soient différents, les mouvements de base utilisés avec les armes sont les mêmes qu'à mains nues.

La conscience du contact est la même.

Kevin CHOATE : UKE

La coupe DO, juste au dessus de la taille et l'atemi dans les côtes reviennent au même.

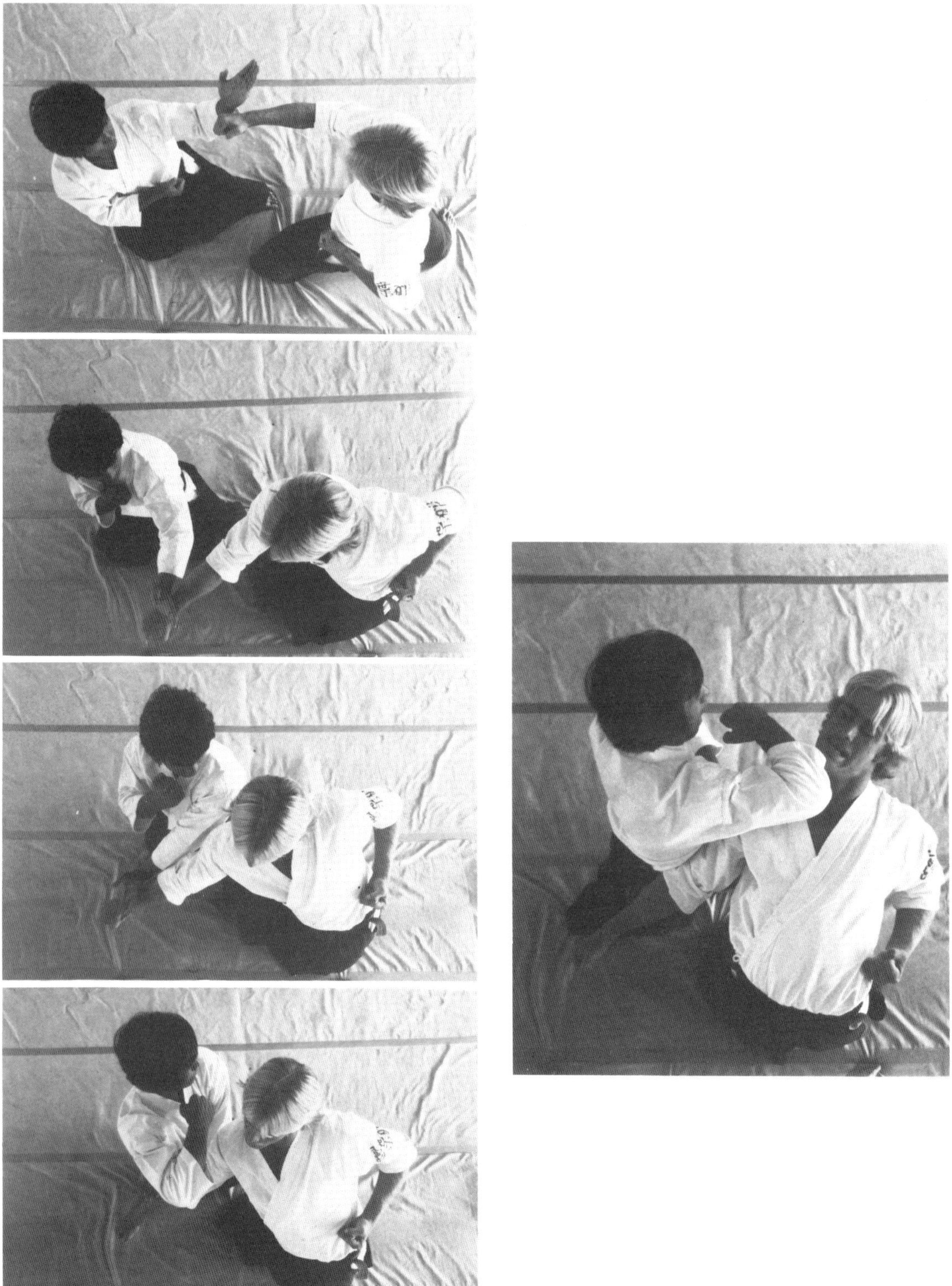

La seule issue pour UKE est souvent de chuter spontanément.

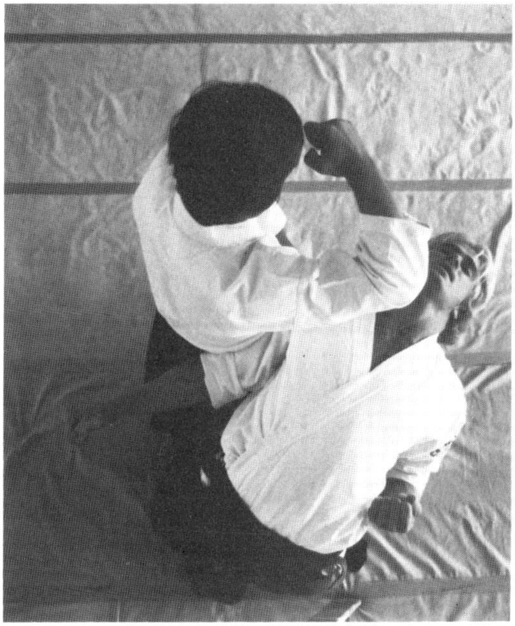

Robert MOLLER : UKE

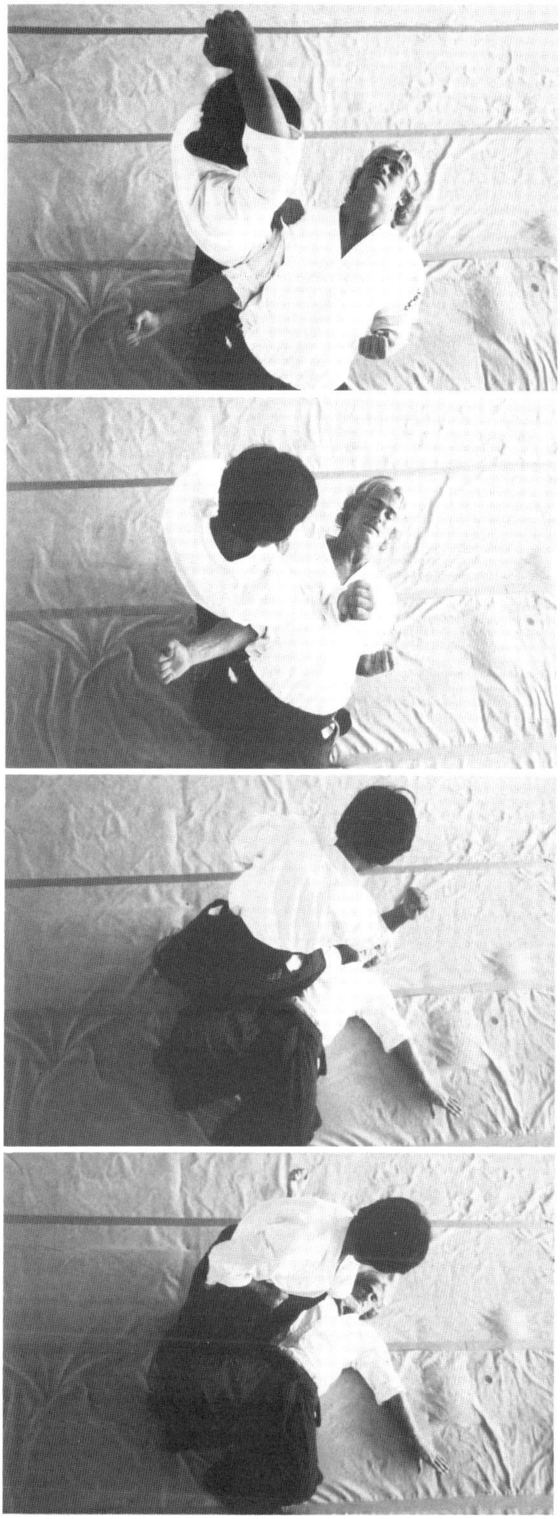

L'art de protection de l'UKEMI

retard, vous devez être à même de percevoir le changement de rythme et d'arrêter votre coup à temps. Un moment d'inattention ou d'impatience peut être la cause d'un accident mémorable. Quand votre partenaire attaque avec un *bokken* ou un *jo*, il vous guide et dans le même temps vous devez vous défendre et riposter, c'est-à-dire suivre et guider son déplacement suivant en un seul mouvement.

La pratique avec les armes est l'étude de la communication et de l'harmonie dans une situation de tension extrême. Vos déplacements doivent s'adapter au moindre mouvement du partenaire. La communication doit demeurer constante, les corps bougent ensemble, les esprits respirent ensemble, chaque mouvement étant exécuté avec une infinie précision. Il faut capter les vibrations du partenaire et pouvoir prendre une décision intuitive à chaque instant, percevoir les battements de son cœur, votre respiration se joignant à la sienne. Il n'y a pas de temps de calculer; l'esprit doit être vide. En te regardant marcher, je peux savoir à quel rythme ton cœur bat, je peux distinguer la clarté de ton esprit. Pourquoi ? Je suis vide, comme un tambour : si tu frappes fort, tu entendras un roulement puissant; effleure-moi, tu entendras l'écho d'un souffle.

ATEMI WAZA

J'ai souvent entendu dire qu'il n'y avait pas d'attaques au poing en Aïkido. Quelle erreur ! L'Aïkido est un art martial et un des buts fondamentaux de l'entraînement est de comprendre et transcender nos réactions agressives face à une pression donnée. Sans application martiale, point de conflit, et sans conflit point de réalité et d'harmonie. L'Aïkido est considéré à tort comme une "voie facile" : c'est totalement faux.

L'*atemi waza* ou technique d'attaques se distingue des coups du Karaté, son but n'étant pas de tuer ou de détruire, mais de détourner l'attention, de saisir le moment opportun et prendre l'avantage. C'est un support de l'entraînement utilisé pour mieux comprendre l'Aïkido et développer la réaction spontanée. *Atemi waza* sert à créer une ouverture ou à masquer la sienne.

L'*Atemi waza* n'est pas seulement profitable au *nage* mais il apprend à *uke* à parer à l'inattendu. J'ai souvent vu des élèves attaquer sans tenir compte de l'atemi de leur partenaire. *Nage* doit éviter de porter un coup réel, mais *Uke* doit tenir compte de l'attaque et agir en conséquence. S'il ne réagit pas à cette situation, c'est la bonne grâce de son partenaire qui lui épargne la douleur d'une côte félée ou d'un nez cassé. *Uke* doit essayer de bloquer l'attaque s'il le peut. Ceci donne à son partenaire l'occasion de s'adapter à une situation différente. Les pratiquants expérimentés utilisent souvent le blocage dans cette technique : dans le cas d'un atemi au visage, la seule chance pour *Uke* est de chuter spontanément. C'est l'art de l'esquive et de la protection de l'*ukemi*.

ATEMI WAZA

La pratique de l'*Atemi waza* est peu recommandée aux débutants. On se laisse facilement emporter par sa force et on a tendance à négliger l'étude de la forme et du mouvement. Comme avec les armes, un contrôle rigoureux et une réaction immédiate s'imposent, afin d'éviter les accidents. Traditionnellement, l'*Atemi waza* n'est enseigné qu'à des *yudansha* capables de comprendre et de mesurer son importance dans la pratique.

Pendant la fabrication d'un sabre, le fer subit des pressions constantes. Forgé dans les flammes, il est ensuite ramolli par la chaleur afin d'être travaillé et affiné. Il est battu, plié, chauffé, battu à nouveau, jusqu'à ce qu'il soit débarrassé de ses impuretés. Plongé dans l'eau il acquiert sa trempe définitive, puis est prêt à être aiguisé. Le processus est très complexe et aucune étape ne doit être omise. La lame est formée de milliers de couches invisibles mais le produit fini présente une ligne très pure. Résistante et souple à la fois, sa lame est un miroir reflétant ce qui se trouve autour.

L'étude de l'Aïkido est aussi formée de nombreuses étapes. Chaque strate représente une nouvelle acquisition. Aucune forme d'entraînement ne peut être considérée comme supérieure aux autres. L'entraînement fort et l'entraînement souple, moins éprouvant, doivent être pratiqués en alternance, en utilisant tous les degrés de force et de souplesse.

Votre entraînement a son propre biorythme et varie à chaque séance, à chaque saison. Si vous vous entraînez trop fort, avec l'énergie du feu qui se consumme, vous ne serez plus à l'écoute de votre partenaire et perdrez le fil de la communication qui vous relie à lui. Si vous travaillez trop doucement, comme si vous flottiez entre deux eaux, vous ne découvrirez jamais les limites de votre force : vous perdrez la réalité, le feu, la Voie. Qui vous écoutera parler d'harmonie alors que vous êtes dans une position vulnérable ? Vos actions n'auront un sens que si vous êtes libre, que si vous avez le choix.

L'Aïkido n'a pas pour but d'acquérir une puissance physique et technique, mais de cultiver la force de la sagesse. Cependant, une technique solide constitue la base de toute pratique. Le mouvement et la forme du corps agissent sur l'attitude spirituelle. L'esprit est quelque chose qu'on ne peut saisir physiquement, mais il est tout à fait possible d'améliorer l'attitude, d'avoir le dos droit, les épaules en arrière. On est ainsi mieux armé pour découvrir une façon plus efficace et plus humaine de réagir aux agressions extérieures.

L'instinct demeure peut-être le même, mais ses réactions face à la peur et aux pressions peuvent et doivent changer. En Aïkido, les mains étudient la sagesse divine. Si la peur ou l'agressivité vous bloque, vos mains, votre corps ne peuvent produire une technique d'Aïkido. Au contraire, ils doivent éduquer le conscient et le subconscient pour susciter une réaction instinctive basée sur la patience, la modestie et la sagesse. C'est ainsi que s'affine l'esprit. C'est le *Shobu Aïki*, la sagesse de l'*Aïki*.

Dans un mouvement harmonieux, on ne perçoit pas la force car il n'y a pas d'esprit de lutte ou d'opposition. L'équilibre, l'utilisation judicieuse du temps, de l'espace et de la communication deviennent un art en dynamique. Ce mouvement harmonieux est un miroir qui reflète le monde qui l'entoure. L'Aïkido est un poème en mouvement. Vous deviendrez la galaxie, vous l'exprimerez avec votre corps ; vous ne serez pas la vague, vous deviendrez l'océan tout entier. C'est le mouvement global qu'il faut percevoir, et non la technique. Faites de votre mouvement un poème, soyez le vent, le soleil, la montagne.

Symphonie Nº 5
Allegro con brio
L. van Beethoven, Op. 67
(1770-1827)
Flauti
Oboi
Clarinetti in B Si♭
Fagotti
Corni in Es Mi♭
Trombe in C Do
Timpani in C G Do Sol
Violino I
Violino II
Viola
Violoncello
Contrabasso

Kevin CHOATE : UKE

L'Aïki est rythme et mouvement.

HIBI SHOSHIN est l'esprit du débutant chaque jour renouvelé.

CHAPITRE XIII

ÉDUCATION D'UN UCHI DESHI

La pratique de l'Aïkido ne se limite pas à l'entraînement sur le tapis et doit avoir des prolongements dans tous les domaines de la vie. En se limitant à la technique, elle n'a plus aucune valeur. Avec O Sensei, je reçus l'éducation d'un samouraï développant la vigilance, la sensibilité, l'intuition, l'action, vingt-quatre heures sur vingt-quatre, et prônant avant tout les valeurs morales et humaines.

Avec le temps, les souvenirs subissent d'étranges transformations. La mémoire opère sa sélection, conservant les plus marquants et chassant ceux des mauvais jours, des entraînements épuisants et interminables. Mais il est une chose qu'elle gardera précieusement à jamais, c'est l'amour qu'O Sensei portait à chacun de ses *uchi deshi*. Bien que strict et très exigeant, cet amour était imprégné d'humour et d'une incroyable chaleur humaine. Son rire était spontané, profond. Ses colères pouvaient être subites et terribles mais elles se dissipaient rapidement et ne portaient jamais à conséquence.

O Sensei était convaincu que ne jamais commettre une erreur était la plus grande erreur. Seuls ceux qui n'essaient pas de se perfectionner, de se remettre en question, ne commettent jamais d'erreurs. Il enseignait qu'une faute est une porte ouverte à la créativité; sans erreur, point de changement.

Il ne donnait jamais d'ordres verbalement; il lançait un regard, faisait un geste qu'il fallait interpréter immédiatement : si un *uke* ne réagissait pas instantanément à un de ses signes, il perdait l'occasion d'apprendre et d'expérimenter un mouvement avec O Sensei. Un autre était appelé aussitôt. L'étiquette était stricte et des règles régissaient la façon de se comporter même dans les tâches les plus insignifiantes. Lorsqu'un élève marchait seul avec O Sensei, il devait se placer légèrement derrière lui et sur sa gauche : en effet, une fois le sabre tiré, le côté gauche était le plus vulnérable. O Sensei ne portait pas un sabre tous les jours et les risques d'attaque étaient pratiquement inexistants, mais l'étudiant apprenait ainsi à assumer son rôle de protection.

UCHI DESHI

O Sensei était toujours accompagné d'au moins un étudiant dont le rôle était de veiller à des détails pratiques tels que porter ses bagages, son porte-feuille, acheter ses billets de train, et tout ce dont il avait besoin. Ce n'était pas de tout repos. Il marchait vite, ne semblant jamais dévier de sa trajectoire, évitant tous les passants sur son chemin. J'essayais souvent d'adopter la même technique mais j'étais vite distancé, m'excusant confusément auprès de ceux que j'avais télescopés.

O Sensei se levait toujours à trois heures du matin, prenait un bain et s'adonnait à des actes de purification avant ses prières. Avant de se coucher, il observait la même routine. Il aimait les bains chauds et nous étions chargés de veiller à leur préparation et à nous assurer qu'ils étaient à la bonne température.

Un jour, je m'étais sali les mains en rapportant du bois pour faire chauffer l'eau. Après les avoir essuyées rapidement, je plongeai une main dans l'eau du bain pour vérifier sa température. O Sensei me vit et gronda : "Tu as mis ta main sale dans mon bain?". "Hai, Sensei, je testais la température." En colère, il s'écria, "Ne te rends-tu pas compte de l'importance de ce bain, il est une préparation à la prière? Comment pourrai-je prier après m'être lavé dans une eau sale? Tu ne réfléchis pas. Sers-toi de cette coupelle pour vérifier la température et ne mets jamais plus tes mains sales directement dans l'eau. Maintenant, dépêche-toi, vide cette eau et fais-en chauffer." Comme il quittait la pièce, j'eus le temps de voir sur son visage l'esquisse d'un sourire.

Les *Uchi deshi* dormaient tous au dojo et nous étions à la merci de ses humeurs imprévisibles. Il ne dormait que quelques heures par nuit. Très souvent tôt le matin, alors que nous dormions profondément, épuisés par l'entraînement et les tâches quotidiennes, O Sensei venait au *dojo*. Il se sentait seul et cherchait quelqu'un à qui parler. Poussant un *kiai* retentissant, il commençait à s'entraîner au *suburu* avec son *bokken*. Et nous nous retrouvions subitement assis en *seiza* sur nos foutons. Jetant un regard circulaire, il disait avec son sourire le plus charmeur : "Oh, je suis désolé; tout le monde dormait. Vous ai-je réveillés?"

Les réveils étaient encore plus mémorables en hiver car le dojo n'était pas chauffé et aussitôt qu'il arrivait, il ouvrait les fenêtres, pour respirer l'air frais et vivifiant du matin. Il fallait que nous restions assis en *seiza*, tremblant de froid dans nos pyjamas. "Et bien, puisque vous êtes réveillés...", et il commençait à nous parler. Il restait un moment avec nous, puis retournait à sa chambre. C'est avec un soupir général de soulagement qu'après avoir fermé les fenêtres, nous regagnions la chaleur de nos foutons pour une heure de sommeil avant le premier cours du matin.

Je me faisais toujours une joie de voyager avec O Sensei à Iwama. J'avais souvent l'occasion d'être seul et avais le temps de lire et d'étudier. Un soir, alors qu'O Sensei s'était retiré après ses prières, je décidai de me plonger dans la lecture du "Livre des cinq anneaux" par Musashi Miyamoto que j'avais apporté de Tokyo, profitant de quelques heures de liberté. J'avais à peine commencé quand la voix d'O Sensei retentit devant ma porte et interrompit ma lecture. "Tu es là, Saotome?" Et il entra.

"Ah, je vois que tu lis "Le livre des cinq anneaux". Avec l'ouvrage de Confucius sur la stratégie militaire, il est sans doute le plus lu parmi les militaires, les politiciens et les hommes d'affaire. Je suppose que tu as également lu l'autre. Fais attention, Saotome! Lire ne signifie pas comprendre."

Dissimulant un soupir de résignation, je répondis : "oui, Sensei. Je m'en souviendrai."

O Sensei continua comme c'était son habitude. Il est tout à fait louable de poursuivre des études littéraires mais ne perds pas de vue le véritable but de ton entraînement. Demande-toi ce qu'est le "Do" de l'Aïki. C'est le *Budo* qui refuse d'avoir des ennemis. C'est le "Do" victorieux qui ne verse pas une goutte de sang, qui met fin à tout conflit avant qu'il n'éclate.

L'Aïkido n'est pas la Voie de la faiblesse et de la fuite car le Budo appartient à ceux qui sont armés de force et de volonté. La Voie doit conduire à un monde de respect et de confiance.

Après un bref silence, O Sensei me demanda si je voulais lui masser l'épaule. J'étais maintenant content de sa visite et de le voir d'aussi bonne humeur et je commençai à lui appliquer un massage *shiatsu*.

"Saotome, tu ne te sers pas de ta force physique. Je ne sens pas de *Ki* passer dans tes doigts, ton massage est raide, sans vie. Détends-toi, fonds-toi au *Ki* de l'univers. Remplis-toi de *Ki* et concentre-le dans tes mains."

Sans vraiment comprendre ce qu'il m'expliquait, j'essayai de mon mieux de suivre ses conseils, poussant de toutes mes forces. Mais il rit et s'adossant à mes mains, se laissa aller en arrière. Je ne pouvais le retenir.

En se redressant d'un coup, il dit : "Ecoute-moi bien, Saotome. Ce n'est pas en lisant des livres que tu affineras ton caractère et que tu trouveras la sagesse. La sagesse ne peut provenir que de l'expérience. Ton corps et ton esprit doivent s'imprégner de l'univers et de la nature qui t'entoure. Ton âme doit refléter cette sensation, tu écarteras ainsi toute vision corrompue ou déformée. Sa voix, ses paroles, remplies de la promesse de la révélation, me tenaient en haleine. Cherchant un sens caché dans chaque mot, mon esprit était rivé à sa voix. "Ah," dit-il. "Ne te disperse pas : ton esprit vient de quitter tes mains. Mes paroles t'ont distrait, et il n'y a plus de *Ki* au bout de tes doigts"

Même en parlant de la sagesse de l'expérience, O Sensei m'avait démontré que les mots peuvent facilement troubler et distraire. Il me donnait l'occasion de découvrir le pouvoir de la concentration en la perdant, et je commençai à comprendre que la pratique de l'Aïkido ne devait pas se limiter à l'entraînement au dojo.

O Sensei ajouta : "Connaître un mouvement d'Aïkido n'est que le premier pas. Sans action, cette connaissance est vide de sens. Si un criminel lit l'ouvrage de Musashi, il l'interprètera et n'en tirera rien de positif. De même, un lecteur non averti pourra déformer le livre de Confucius et n'en tirer qu'une connaissance nuisible. Sans la pureté de l'âme, on ne peut espérer accéder à la vraie voie du Sabre. Tu vois le rapport?"

Tout me sembla enfin clair et j'approuvai.

"*Agatsu* signifie victoire sur moi grâce à la pureté de l'âme. "*Masagatsu* est la victoire juste, la bonne voie. *Katsu hayabi* est l'éveil spirituel hors du temps et de l'espace. L'association de ces expressions constitue la base du *shugyo*. Sans cette sagesse, tout épanouissement est impossible."

En écoutant O Sensei je commençai à me rendre compte de l'importance que revêtait l'entraînement *Budo*.

"Je dois te mettre en garde, Saotome. Celui qui n'a jamais connu la défaite est vraiment malheureux. Si on n'est pas allé de l'autre côté de la victoire, la défaite est certaine quand il faut faire face à plus fort que soi. La victoire déforme l'image qu'on a de soi, elle flatte et est dangereuse pour qui ne connait pas ses propres limites. Plus le moment de la défaite est retardé, plus ses effets sont dévastateurs quand elle survient.

"Au fait, Saotome, et ce livre? Le trouves-tu intéressant?"

"Oui, Sensei, je pense comprendre l'ensemble, mais son sens profond m'échappe."

"C'est normal. La théorie seule ne suffit pas à faire comprendre le *Bujutsu*. Ton propre shugyo ne peut s'accomplir qu'au fil de tes propres expériences. A propos de Musashi, connais-tu cette histoire? Musashi séjournait à Kogura, dans le Kyushu et un jour qu'il attendait l'heure du dîner, un maître de sabre qu'il ne connaissait pas vint à lui et lui demanda des conseils techniques. Après une brève conversation, Musashi jugea que l'inconnu était sans doute expérimenté et il le flatta. Considérant qu'il méritait pleinement ce compliment, l'homme lui montra son sabre, se vantant de nombreuses victoires. Quel imbécile, pensa Musashi. Avec un tel esprit, comment pouvait-il espérer survivre?

Musashi réclama alors un bol de riz. Il prit un grain et le colla à un cheveu de son serviteur, juste au-dessus de son front. "Regarde bien" ordonna Musashi. Et avec une rapidité fulgurante, il dégaina son sabre et coupa le grain de riz en deux moitiés égales sans toucher le cheveu du domestique. "Peux-tu en faire autant?" demanda-t-il?

L'étranger, impressionné, recula un peu, s'éloignant quelque peu de cet incroyable sabre et se confondit en excuses, répétant que ses talents étaient de loin très inférieurs à ce qu'il venait de voir. En rentrant la lame dans son fourreau, Musashi dit : "Même celui qui a du talent ne peut être certain de sortir victorieux et entier d'un "*shiai*" (défi). Un vrai maître comprend cela et ne cherche jamais le défi. Si on vous provoque, essayez coûte que coûte de quitter les lieux sans vous battre." L'étranger s'excusa pour son ignorance et le remercia pour cette précieuse leçon.

Pensif, O Sensei s'arrêta un instant avant de poursuivre : "Je crois que la raison pour laquelle Musashi résista si longtemps à la mort et survécut à tant d'épreuves vient du fait que non seulement il savait gagner, mais il savait aussi éviter le combat. En refusant de se battre, il admettait la défaite. Il attribua bon nombre de ses victoires à la chance et il connaissait ses limites. Il avait été des deux

MASA GATSU

Signature du Fondateur

AGATSU

Signature du Fondateur

côtés de la barrière. La seule façon de se protéger est d'affronter la peur de la mort.

Pour conquérir l'ennemi, conquiers-toi toi-même; c'est ce que conseille la doctrine Taoiste. Le vrai vainqueur est celui qui écarte tout conflit, et qui évite que le sang soit versé, d'un côté comme de l'autre.

"Tu sais, un jour je reçus des remontrances du *Kami*" dit O Sensei en plaisantant. Ce fut le moment le plus terrifiant de ma vie ! Saotome, que crains-tu le plus ?"

"Beaucoup de choses, Sensei".

"C'est bien. Le jour où tu n'auras plus ni craintes, ni faiblesses sera la fin de ta destinée. Ton entraînement s'arrêtera net, comprends-tu ? Dans le monde de la compétition, où trouver la vérité, lorsqu'il y a un vainqueur et un vaincu ? Imagine que tu es entouré des fusils de l'ennemi sur le champ de bataille, et tu comprendras ce que je veux dire. Si tu te réfugies derrière le vieux concept martial de la victoire, tu ne construiras jamais la paix. La compétition produit forcément une victime. C'est un monde sans merci qui se repaît de la misère et de la souffrance d'autrui - un monde d'insécurité permanente ignorant la liberté et le bonheur.

Notre société a tendance à placer la fortune et la force physique au-dessus du respect des qualités humaines. Ce n'est pas un manque d'éducation qui créa ces problèmes mais la peur et la cupidité d'un grand nombre d'individus. Partout où dominent la confusion et l'absence de communication, les valeurs humaines se dégradent. Rappelle-toi, Saotome, connais-toi toi-même. Sans une conscience de soi, toute connaissance purement livresque n'ajoutera que la confusion à ton esprit."

"Suis la sagesse du *Kami*, et tu atteindras la vérité. Polis le miroir de ton esprit grâce au *misogi*. La vérité est présente éternellement mais ne t'attache pas au *satori*. Au moment où tu penseras l'avoir saisi, fais attention. Ce ne sera qu'un mirage, une illusion créés par tes propres limites. Si tu recherches toujours le *satori*, tu passeras ta vie à essayer d'attraper ton ombre. Renonce à cet attachement, la cupidité s'en ira et le vide se fera afin que s'installe l'esprit de vérité. Détends-toi et laisse ta vie se fondre à l'espace et devenir une partie de la réalité divine.

Entraîne-toi pour te parfaire. Le véritable Budo est en toi, découvre-le. Aie toujours ceci à l'esprit lorsque tu t'entraines."

Ayant dit ce qu'il avait à dire, O Sensei se retira pour la nuit, me laissant seul avec mes pensées.

L'art d'O Sensei commença avec Aïkibujutsu, puis devint l'Aïkido et Takemusu Aïki.
Shobu Aïki, la sagesse de l'Aïki fut son évolution finale et son dernier message.

CHAPITRE XIV

LE DOJO, OASIS SPIRITUELLE

En pénétrant dans un *dojo* d'arts martiaux pour la première fois, les occidentaux sont souvent génés ou impressionnés par les innombrables saluts et toutes les formes d'étiquette. Tous ces rituels semblent exagérés, superficiels et inutiles. Cependant, chaque règle concerne la sécurité et le bien-être de tous.

La vie quotidienne est remplie de coutumes et d'usages qui permettent à chacun de communiquer et de réduire les risques de malentendus. Ceci est encore plus important dans une société guerrière où la violence n'est tempérée que par un code de l'honneur très strict et une structure sociale rigide. L'étiquette est un facteur de contrôle et dans les sociétés féodales elle constituait souvent la mince frontière séparant la vie et la mort.

En entrant dans un *dojo*, vous pénétrez dans un monde différent, un monde de guerriers. Temple du respect et de la camaraderie, il peut devenir un lieu de paranoia et de méfiance. Sur le *tatami* d'Aïkido, nous sommes tour à tour attaquant et attaqué et nous entraînons à réagir instinctivement. C'est grâce à l'étiquette que nous pouvons pratiquer en toute sécurité, discipliner nos tendances agressives, développer la compassion et le respect.

Les pages suivantes sont tirées du cahier d'entraînement composé par mes élèves les plus avancés, et il est donné comme guide à chaque étudiant s'inscrivant à mon *dojo*. Je pense que ces règles sont indispensables à la pratique de l'Aïkido.

L'Aïkido n'est pas un sport. C'est une discipline, un processus éducatif visant à entraîner l'esprit, le corps et l'âme. Il n'a pas pour objet la technique pure, celle-ci ne constituant qu'un outil destiné au développement.

Un *dojo* d'Aïkido n'est pas un gymnase. C'est l'endroit où l'enseignement de Maître Morihei Ueshiba est dispensé. On ne doit pas y étaler son ego, mais y élever et purifier son corps et son âme. Une attitude de respect, de sincérité et de modestie sont essentiels à la sécurité de chacun.

Les règles suivantes sont indispensables au maintien d'une ambiance propice à l'étude de l'Aïkido.

RÈGLES DU DOJO

1. Ce *dojo* fonctionne suivant des règles traditionnelles. C'est l'endroit consacré à recevoir l'enseignement du fondateur de l'Aïkido. Il est du devoir de chaque élève d''honorer et de suivre cet enseignement.
2. Chaque élève doit participer à la création d'une atmosphère positive d'harmonie et de respect.
3. Le nettoyage constitue un acte de gratitude et de respect et chaque pratiquant doit participer au nettoyage du *dojo* et s'y appliquer avec cœur.
4. Le *dojo* ne doit pas être utilisé à d'autres fins que les cours prévus sans la permission du sensei.
5. C'est au sensei de décider s'il dispensera ou non son enseignement à un élève. On n'achète pas la technique. La cotisation mensuelle vous garantit un endroit pour pratiquer et n'est qu'un des moyens de prouver votre gratitude pour l'enseignement que vous recevez. Les cotisations devront être réglées ponctuellement.
6. Respectez le Fondateur et ses enseignements tels qu'ils sont transmis par votre

sensei. Respectez le *dojo*, vos instruments de travail et respectez-vous mutuellement.

RÈGLES DU PRATIQUANT

1. Il est nécessaire de respecter l'enseignement et la philosophie du Fondateur et la manière dont le sensei les transmet.
2. Chaque pratiquant s'engage moralement à ne jamais utiliser une technique d'Aïkido pour blesser ou manifester son ego. Ce n'est pas une technique de destruction mais de création. C'est un outil visant au développement d'une société meilleure à travers celui de la personnalité.
3. Les règlements de conflits personnels sur le tapis sont interdits. L'Aïkido n'est pas du combat de rue. Vous êtes sur le tapis pour transcender et purifier vos réactions agressives, pour adopter l'esprit du samouraï.
4. Il n'y aura pas d'esprit de compétition sur le tatami. Le but de l'Aïkido n'est pas de vaincre un adversaire mais de lutter contre vos propres instincts agressifs. La force de l'Aïkido ne réside pas dans la puissance musculaire mais dans la souplesse, la communication, le contrôle de soi et la modestie.
5. Toute forme d'insolence sera proscrite : nous devons tous être conscients de nos limites.
6. Chacun a des possibilités physiques et des raisons différentes pour pratiquer l'Aïkido. Elles doivent être respectées. L'Aïki véritable est l'application correcte et souple de la technique appropriée dans n'importe quelle circonstance. Vous devez veiller à n'occasionner aucune blessure. Il faut protéger votre partenaire et vous protéger vous-même.
7. Acceptez les conseils du *sensei* et essayez de les appliquer avec sincérité, du mieux que vous pouvez. Il n'y a pas de place pour la contestation.
8. Tous les pratiquants étudient les mêmes principes. Aucun désaccord ne doit naître au sein du groupe et tous les pratiquants du *dojo* forment une grande famille; le secret de l'Aïkido est l'harmonie. Si vous ne pouvez pas respecter ces règles, il vous sera impossible d'étudier l'Aïkido dans ce *dojo*.

ÉTIQUETTE SUR LE TATAMI

1. En montant sur le tapis et en le quittant, vous devez saluer.
2. Saluez toujours en direction du *shomen* et du portrait du fondateur.
3. Respectez vos instruments de travail. Le *Gi* (tenue d'entraînement) doit être propre et en bon état, les armes rangées lorsqu'elles ne sont pas utilisées.
4. Ne vous servez jamais d'un *Gi* ou d'armes qui ne vous appartiennent pas.
5. Quelques minutes avant l'entraînement, vous devriez être échauffé, assis en seiza, tous sur une même ligne, et dans une posture de méditation. Ces quelques minutes permettent à votre esprit de faire le vide, de se débarrasser des problèmes de la journée, et préparent à l'étude.
6. Le cours commence et se termine par une cérémonie formelle. Il est essentiel d'être à l'heure pour y participer mais si vous arrivez en retard, vous devez attendre assis à côté du tapis jusqu'à ce que le sensei vous fasse signe de vous joindre au cours. Saluez-le à genoux en montant sur le tapis. Veillez aussi à ne pas perturber le cours.
7. La façon correcte de s'asseoir sur le tapis est la position en seiza. Mais si vous êtes blessé au genou, vous pouvez vous asseoir en tailleur. N'allongez jamais les jambes et ne vous adossez pas au mur ou à un poteau. Vous devez être disponible à chaque instant.
8. Ne quittez pas le tapis pendant l'entraînement sauf en cas de blessure ou de malaise.
9. Quand le *sensei* montre une technique, vous devez rester assis en seiza et regarder attentivement. Après la démonstration, saluez le maître puis saluez un partenaire et commencez à travailler.
10. Dès que la fin d'une technique est annoncée, arrêtez immédiatement votre mouvement, saluez votre partenaire, et rejoignez les autres pratiquants assis en ligne.
11. Ne restez jamais debout sur le tapis sans travailler. S'il le faut, restez en *seiza* en attendant votre tour.
12. Si pour une raison ou pour une autre vous devez absolument poser une question au *sensei* allez vers lui - ne l'appelez jamais : saluez-le avec respect et attendez qu'il soit disponible. (Un salut debout suffit dans ce cas).
13. Quand le maître vous montre un mouvement en particulier pendant le cours, mettez-vous à genoux et regardez attentivement. Saluez-le lorsqu'il a terminé. Quand il corrige un autre pratiquant, vous pouvez vous arrêter de travailler pour regarder. Asseyez-vous en *seiza* et saluez de même.

14. Respectez les pratiquants les plus gradés. Ne discutez jamais à propos de technique.
15. Vous êtes là pour travailler, non pour imposer vos idées aux autres.
16. Si vous connaissez le mouvement et que vous travaillez avec quelqu'un qui ne le connaît pas, vous pouvez le guider. Mais n'essayez pas de corriger votre partenaire si vous n'avez pas le niveau *yudansha* (ceinture noire).
17. Parlez le moins possible sur le tapis. L'Aïkido est expérience.
18. Ne vous prélassez pas sur le tapis avant ou après les cours. Il est réservé à ceux qui désirent s'entraîner.
19. Le tapis devrait être balayé chaque jour avant les cours et en fin de journée. Chacun est responsable de la propreté du dojo.
20. Il est interdit de manger, boire, fumer, mastiquer du chewing-gum sur le tapis et en dehors pendant l'entraînement ni sur le tapis à n'importe quel moment.
21. Le port des bijoux est déconseillé pendant l'entraînement.
22. N'absorbez jamais de boissons alcoolisées lorsque vous n'avez pas encore quitté votre tenue.

Vous êtes invité à venir regarder un cours à n'importe quel moment, à condition que les règles suivantes soient observées.
1. Prenez place avec respect, ne posez jamais les jambes sur un meuble et n'adoptez pas une position semi-allongée.
2. Il est interdit de boire ou de manger pendant le cours.
3. Ne parlez à personne se trouvant sur le tapis.
4. Ne vous promenez pas pendant que le professeur montre ou corrige un mouvement.
5. En début et en fin de cours, asseyez-vous en *seiza* et saluez avec les autres. Restez assis jusqu'à ce que le *sensei* ait commencé l'entraînement ou quitté le tapis à la fin du cours. Si vous ne savez pas quelle attitude adopter, demandez à un pratiquant ancien.

Bien qu'il y ait de nombreuses règles d'étiquette à assimiler, elles viendront naturellement avec une pratique régulière. Ne soyez pas vexé si on vous corrige sur un détail, car chacun est important pour la sécurité de tous et a un but éducatif précis.

L'Aïkido n'est pas une religion, mais une éducation et un perfectionnement de l'esprit. On ne vous demandera pas d'adhérer à une doctrine religieuse, mais seulement de garder une ouverture d'esprit. Le salut ne constitue pas une cérémonie religieuse mais un signe de respect pour l'esprit de l'Intelligence universelle qui se trouve en chacun de nous.

La cérémonie de début et de fin de cours consiste en un salut que l'on adresse au shomen; puis on frappe deux fois dans ses mains, et on salue de nouveau le *shomen*, le *sensei* et les pratiquants. Les saluts adressés au *shomen* symbolisent le respect pour l'esprit et les principes de l'Aïkido et sont un signe de gratitude envers le fondateur. Les deux coups frappés dans les mains représentent l'unité, le "*musubi*". Le premier envoie la vibration vers le monde spirituel et le second capte l'écho de cette vibration et relie votre esprit à celui du Fondateur et à la Conscience universelle. Ces deux vibrations émanent de vos propres convictions spirituelles.

Il n'y a pas de juste ou de faux en Aïkido. Si un mouvement obéit aux lois physiques de l'Univers, il est correct. En suivant ces principes naturels, votre attitude sera juste et vous suivrez la Voie de Dieu. L'Aïkido n'est donc pas seulement un apprentissage de la technique, c'est un apprentissage de la sagesse.

Les *Kata* individuels n'existent pas en Aïkido car celui-ci est basé sur l'harmonie des relations. Sur le tapis, vous rencontrez des individus provenant de tous les milieux sociaux, de cultures, de langues, de convictions politiques différentes. Ils ne viennent pas pour se mesurer les uns aux autres ou pour imposer leurs idées aux autres mais pour apprendre à s'écouter et à communiquer. Sur le tatami, nous ne pouvons dissimuler notre véritable personnalité. Nos points forts et faibles finissent toujours par apparaître. Chacun étudie les mêmes principes universels et la substance spirituelle qui est la même dans chaque individu devient claire lorsque tombe le masque de la peur et de l'égoïsme. Si vous étiez seul dans l'univers avec personne à qui parler, avec qui partager la beauté des étoiles, avec qui rire, personne qui toucher, quelle serait votre raison de vivre? C'est l'amour qui donne un sens à la vie. Nous devons découvrir la joie d'être ensemble, de nous mettre au défi, de nous épanouir.

En Aïkido, on ne gagne pas. En voulant gagner, vous perdez et faites perdre votre partenaire. Si vous voyez la vie comme une compétition, vous ne gagnerez jamais car vous mourrez un jour. Mais si vous percevez la vie comme un processus de création universelle, vous serez éternel, car vous ferez partie de ce processus. Si vous considérez que le développement du corps et de l'esprit est le prélude à une croissance spirituelle, votre force sera éternelle.

Un esprit de défi n'est pas un esprit de compétition. Le plus grand défi consiste à se mettre soi-même au défi. Vous ne devez pas passer votre vie à rechercher la sécurité. Si votre corps est recouvert d'une carapace, vous serez incapable de bouger, de vous battre, de vous protéger et de protéger les autres. Vous ne sentirez jamais la chaleur du soleil sur votre peau, ni les aiguilles glacées de la pluie en hiver. Joie et liberté s'envoleront.

Si vous passez votre vie à l'abri, dans une grotte au pied de la montagne, vous ne verrez que l'obscurité. Votre expérience sera très limitée et vous ne serez pas stimulé par la douce violence de l'évolution et de la croissance. Quittez la sécurité et escaladez la montagne : votre habileté, votre expérience s'enrichiront à chaque sommet. Debout face au vent, le soleil et la neige vous brûlant jusqu'au cœur, vous contemplerez l'immensité de l'Univers. Vous atteindrez les galaxies et peut-être toucherez-vous l'essence divine.

Le *Bushido* implique défi et sacrifice. Il est le propre des esprits indépendants. Un esprit dépendant est faible car il ne peut sacrifier son ego et sa cupidité. Pour être vraiment libre, l'esprit doit se vider.

Malgré la douleur et la peur, vous êtes intensément vivant. En escaladant une montagne de roc glacé, transi de froid, affamé, épuisé, vous êtes seul avec le bruit du vent. Si vous renoncez, c'est la mort. Même si vous n'avancez que d'un centimètre par jour, continuez votre lutte. La vie est un roc dur et solitaire. Ne dépendez que de vous-même. Voilà le sens du *Bushido*. Mon monde de l'Aïkido est le sommet de la montagne.

Editeur SEDIREP : 37, rue de la Belle Feuille
92100 Boulogne-Billancourt
Directeur-Gérant : Marc Bigoureau
Dépôt légal : 2e trimestre 1985
Réédition : Novembre 1988

Diffusion librairies : CHIRON SPORT
40, rue de Seine, 75006 Paris
Réalisation :
Fabrication Graphique
10, Square Regnault, 92400 Courbevoie

ISBN 2-901551-29-7